《2018 年全国优秀决策气象服务材料汇编》
编 写 组

主　　编：王莉萍

副 主 编：连治华　王冠岚

参编人员（按姓氏笔画排序）：

王亚伟　王秀荣　王维国　艾婉秀

陈　峪　张立生　张建忠　薛建军

前　言

　　2018 年，我国灾害性天气呈现多发、频发态势，具有台风强度强、登陆点和影响区域异常偏北，暴雨和强对流偏多，夏季高温过程频繁、极端性强，寒潮涉及范围广、影响偏重等天气气候特点。在复杂的天气形势下，各级气象部门牢固树立大局意识、责任意识和服务意识，不断提升气象服务能力和技术水平，为各级政府和相关部门提供决策气象服务，圆满完成了 39 次大范围强降雨过程、43 次强对流过程、10 个登陆台风、5 次大范围雾和霾、4 次大范围高温天气过程、3 次低温雨雪天气过程的服务工作。同时也顺利完成了春运、两会、上合组织青岛峰会、上海国际进口博览会、韩国平昌残奥会、金沙江堰塞湖、西藏米林堰塞湖等重大活动和突发事件气象保障任务。各级气象部门恪尽职守，为国家防灾减灾贡献力量，向党中央、国务院、相关部委及当地政府及时报送的决策气象服务信息，获得了批示和肯定，也取得了良好的服务效果。

　　为做好决策气象服务工作，促进各级气象部门决策气象服务经验交流，拓展决策气象服务思路，提升决策气象服务业务能力，编者从参加评选的 80 篇国家级和省、市级决策气象服务材料中，遴选出 43 篇决策服务材料，汇编成此书。该汇编涉及重大灾害性天气过程预报服务、天气气候监测评估与预测、生态和农业决策气象服务、气象保障决策服务、防灾减灾体系建设及其他、国外重大事件六大类内容。材料汇编过程中，得到了国家气象中心、国家气候中心、国家卫星气象中心、中国气象局公共气象服务中心、中国气象科学研究院及各省（区、市）气象局的大力支持，在此一并致谢！

中国气象局决策气象服务中心

目　录

第三篇　生态和农业决策气象服务

第四篇　气象保障决策服务

第五篇　防灾减灾体系建设及其他

第六篇　国外重大事件

第一篇

重大灾害性天气过程预报服务

台风红色预警:"玛莉亚"11日上午登陆闽浙沿海,
中国气象局启动台风Ⅱ级应急响应

张立生   张玲   马学款   王维国

许映龙   顾华   连治华   张永恒

(国家气象中心   2018年7月10日)

摘要:2018年第8号台风"玛莉亚"(超强台风级)7月10日10时位于福建霞浦县东偏南方约730千米的洋面上。预计"玛莉亚"将于11日上午在福建福清到浙江苍南一带沿海以强台风或超强台风级强度登陆。受其影响,台湾、福建、浙江、江西等省以及东南海域将有强风雨,可能对沿海设施、简易建筑、渔业、通信电力等造成破坏,同时易引发城乡内涝、山洪、滑坡等灾害,相关各地需加强做好各项防台工作。中央气象台7月10日上午已发布台风红色预警。

2018年第8号台风"玛莉亚"(超强台风级)7月10日10时位于福建霞浦县东偏南方约730千米的洋面上,中心附近最大风力有16级(52米/秒);7级风圈半径270~550千米,10级风圈半径100~200千米。预计,"玛莉亚"将以30千米/小时的速度向西偏北方向移动(图1-1),将于11日凌晨掠过台湾岛东北部,11日上午在福建福清到浙江苍南一带沿海登

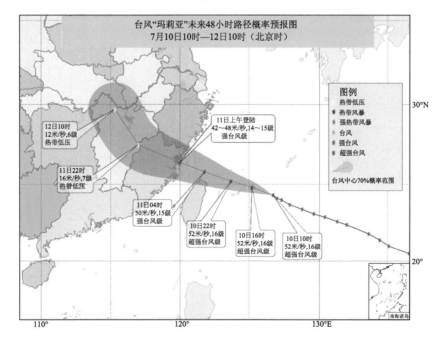

图1-1   台风"玛莉亚"路径概率预报图(7月10日10时至12日10时)

陆(强台风级,14~15级,42~48米/秒),不排除以超强台风强度登陆的可能。登陆后继续向西北方向移动,强度迅速减弱,并于11日晚上进入江西。中央气象台今日10时发布台风红色预警。

一、风雨预报

10—11日,东海南部、台湾海峡以及台湾岛、福建和浙江等地沿海地区风力逐渐加大到7~10级,部分海域和沿海地区11~12级,"玛莉亚"中心经过的附近海面和地区的风力有13~16级,阵风17级(图1-2)。10日夜间至12日,台湾岛、福建、浙江南部和沿海、江西大部、湖南中东部等地将先后有大到暴雨,台湾岛中北部、福建中北部、浙江东南部及江西中部等地的部分地区有大暴雨,局地有特大暴雨;部分地区累计降水量有100~200毫米,局地可达250~350毫米;强降雨主要影响时段为10日夜间至11日。

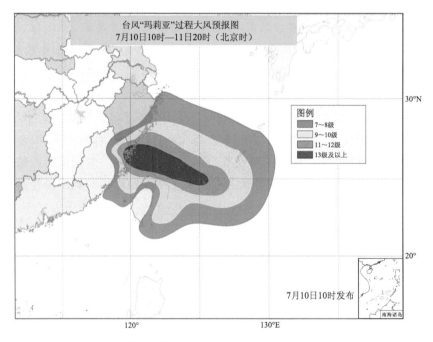

图1-2　大风预报图(7月10日10时至11日20时)

二、历史相似台风分析

2006年第8号台风"桑美"于8月10日在闽浙交界附近登陆(超强台风,17级)。受其影响,福建北部、浙江南部和江西中部出现100~300毫米降雨,福建和浙江沿海风力11~12级,局地阵风14~17级。造成福建、浙江等省400多万人受灾,400多人死亡失踪。

2016年第14号台风"莫兰蒂"于9月15日登陆福建厦门(超强台风级,16级)。受其影响,福建、浙江等地部分地区降水量达200~400毫米,台湾岛最大超800毫米;福建和浙江沿海阵风风力达12~14级,厦门局地阵风超过17级。造成福建、浙江等省300多万人受灾,死亡失踪 40 余人。

三、关注与建议

台风"玛莉亚"正快速移向闽浙沿海,登陆前后风雨强度大,可能对沿海设施、简易建筑、渔业、林木、通信电力设施等造成破坏,暴雨也易引发城乡内涝、中小河流洪水及山洪、滑坡等灾害,并将影响交通、生态环境及人员安全等,福建、浙江、江西及台湾等省需加强做好各项防台工作。

中国气象局已于 2018 年 7 月 10 日 10 时 30 分启动重大气象灾害(台风)Ⅱ级应急响应;中央气象台与福建、浙江、江西等省气象部门加强联动,共同做好台风监测预警工作。

台风"山竹"16日将登陆珠海到湛江沿海，
广东省将有狂风暴雨天气

仇如英　王凤　卢山　汪瑛

（广东省气象局　2018年9月15日）

摘要：台风"山竹"15日上午移入南海并减弱为强台风，17时位于阳江东南方向约820千米的海面上，中心附近最大风力15级（48米/秒），"山竹"将以25～30千米的时速向西偏北方向移动。16日下午到夜间以强台风级到超强台风级（14～16级）在珠海到湛江之间沿海地区登陆，较大可能16日傍晚前后登陆阳江到台山沿海。"山竹"云系庞大，影响范围广，将严重影响粤西和珠三角地区。15日夜间至17日，南海中北部海面风力12～14级，广东省中西部沿海市县和海面风力12～13级，台风中心经过的附近地区风力达14～16级。16—17日，粤西和珠三角中南部市县有大暴雨、部分市县有特大暴雨，粤东和珠三角北部市县有暴雨局部大暴雨。广东省重大气象灾害应急指挥部将于9月15日18时启动气象灾害（台风）Ⅰ级应急响应，请继续做好防御。

一、台风动态

超强台风"山竹"15日02时10分在菲律宾吕宋岛东北部沿海地区登陆，09时减弱为强台风并移入南海，17时中心位于阳江东南方约820千米的海面上，也就是北纬18.9度、东经119.2度，中心附近最大风力15级（48米/秒，相当于173千米/小时），中心最低气压945百帕。目前，"山竹"的8级大风半径400千米、10级大风半径200千米、12级大风半径120千米。

预计，"山竹"将以25～30千米的时速向西偏北方向移动，趋向广东省中西部沿海（图1-3），将于16日下午到夜间以强台风级到超强台风级（14～16级，45～52米/秒）在珠海到湛江之间沿海地区登陆，较大可能16日傍晚前后登陆阳江到台山沿海。"山竹"云系庞大，影响范围广，将严重影响粤西和珠三角地区。

根据《广东省气象灾害应急预案》，广东省重大气象灾害应急指挥部将于9月15日18时将气象灾害（台风）Ⅱ级应急响应升级为Ⅰ级。

二、天气实况

15日白天，受"山竹"外围下沉气流影响，粤北、珠三角、粤西市县出现了大范围高温炎热天气，番禺测得全省最高气温36.9℃。广东省中东部海面出现了7～9级大风，阵风10级，风力较大的站点有：南澎岛海岛站平均风22.1米/秒（9级）、最大阵风27.1米/秒（10

级),陆丰石油平台平均风速 21.8 米/秒(9 级)、最大阵风风速 26.4 米/秒(10 级),东沙浮标站平均风速 20.8 米/秒(9 级)、最大阵风风速 25.2 米/秒(10 级)。

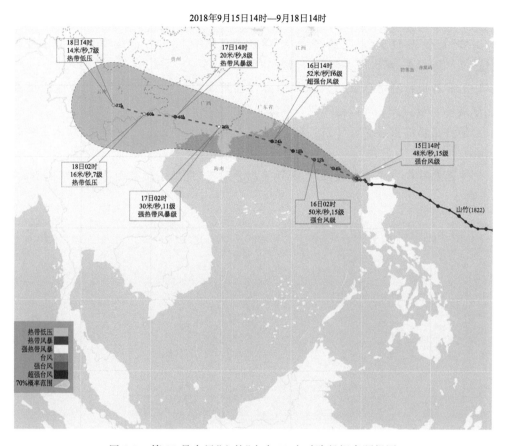

图 1-3　第 22 号台风"山竹"未来 72 小时路径概率预报图

三、天气预报

预计,强台风"山竹"将于 16—17 日给广东省带来严重风雨浪潮影响。具体预报如下:

15 日夜间,粤东、珠三角沿海市县阵雨转中到大雨局部暴雨,其余市县多云到晴转阵雨。

16—17 日,粤西、珠江三角洲中南部市县、汕尾有大暴雨部分市县有特大暴雨,粤东、珠江三角洲北部市县有暴雨局部大暴雨,粤北市县有中到大雨局部暴雨。

18 日,广东省大部市县有中到大雨局部暴雨。

大风预报:15 日夜间至 17 日,粤西和珠江口沿海市县风力加大到 12~13 级,粤东市县风力加大到 7~9 级;南海中北部海面风力 12~14 级,广东省中西部海面风力逐渐加大到 12~13 级,广东省东部海面、台湾海峡风力 8~9 级,阵风 10 级。台风中心经过附近的地区风力达 14~16 级。

广州市区：15日夜间到16日，雷阵雨转暴雨到大暴雨，阵风8～11级，气温25～29℃；17日，大雨到暴雨局部大暴雨转中雨，24～29℃；18日，中雷雨，25～31℃。

四、关注和建议

"山竹"具有"移速快、强度强、个头大"等秋季台风特点，并可能是2018年登陆我国最强的台风，又恰逢周末，需高度关注做好各项防御工作：

（1）沿海各地特别是珠江口及以西沿海市县近海海域作业渔船、渔排作业人员及时回港、上岸避风。密切关注港口避风船只和人员的安全。

（2）沿海市县需重点做好建筑工棚、人工构筑物、户外广告牌、道路绿化树木等的防风加固工作。

（3）粤西和珠江三角洲有强降水，易引发城乡积涝、局地山洪及山体滑坡等地质灾害，需做好防御。

超强台风"山竹"16—18日将严重影响广西

黄永新　黄明策　陈业国　余兴明
（广西壮族自治区气象台　2018年9月14日）

摘要：台风"山竹"（超强台风级）将以每小时25千米左右的速度向西偏北方向移动，15日中午前后进入南海东北部海面，然后趋向广东西部到海南东部一带沿海，可能于16日晚上到17日凌晨在上述沿海登陆，17日上午以台风或强台风（13～15级）进入广西北部湾近海或从博白到合浦之间进入广西，对桂南、桂西和北部湾造成严重的风雨影响，需加强防御。

一、"山竹"动态

2018年第22号台风"山竹"（超强台风级）的中心14日08时位于菲律宾马尼拉东偏北方向约660千米的海面上（北纬15.9度、东经127.0度），中心附近最大风力有17级以上（65米/秒），中心最低气压为910百帕。预计，"山竹"将以每小时25千米左右的速度向西偏北方向移动，强度变化不大，15日凌晨到上午擦过或登陆菲律宾吕宋岛东北部，15日中午前后进入南海东北部海面，然后趋向广东西部到海南东部一带沿海，可能于16日晚上到17日凌晨以强台风或超强台风级强度在上述沿海登陆，17日上午以台风或强台风（13～15级）进入广西北部湾近海或从博白到合浦之间进入广西（图1-4）。

二、"山竹"风雨影响预报

受"山竹"影响，16—18日，桂南、桂西和北部湾有严重的风雨天气（图1-5和图1-6），具体预报如下：

14日晚上至16日白天，全区多云，其中桂东南有阵雨或雷雨，局部大雨。

16日晚上至18日，玉林、北海、钦州、防城港、崇左、百色、南宁、贵港有暴雨到大暴雨，局部特大暴雨，广西其他地区有大雨到暴雨，局部大暴雨。桂南部分地区及沿海地区有8～9级，阵风11～13级的大风。

19日，桂西部分地区有中雨，局部大雨到暴雨，其他地区有阵雨。

北部湾海面：14日晚至15日，多云有阵雨或雷雨，偏东风转偏北风5～6级；16日白天，多云到阴，阵雨或雷雨，局部大雨，偏北风逐渐加大到7～8级，阵风10～11级；16日夜间至17日，阴天有大暴雨，旋转风12～13级，阵风14～15级；18日，阴天有大雨到暴雨，偏南风6～7级，阵风8～9级；19日，阴天有大雨到暴雨，偏东风6～7级，阵风8～9级。

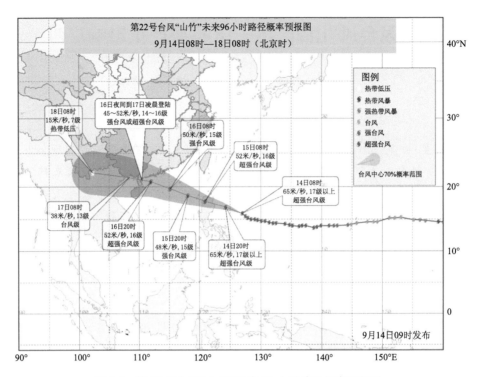

图 1-4　第 22 号台风"山竹"未来 96 小时路径概率预报图

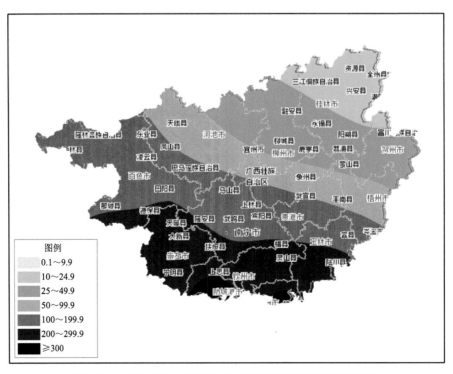

图 1-5　9 月 16 日 20 时至 18 日 20 时广西雨量预报图（毫米）

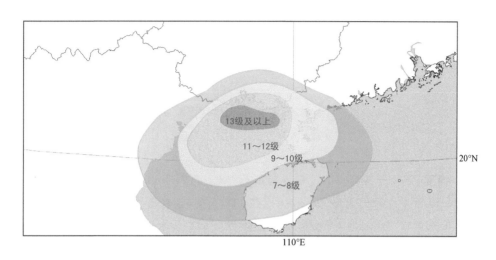

图 1-6　9 月 16 日 20 时至 18 日 20 时大风预报图

三、关注和建议

台风"山竹"强度强,范围广,强风暴雨对广西及北部湾影响严重,建议:

(1)各有关部门提前做好防御台风的各项工作,在海上航行及作业的船只及时回港避风,海边、海岛游客及时撤离受影响区域。

(2)桂南及沿海市县需做好建筑工棚、人工构筑物、户外广告牌、道路绿化树木等的防风加固工作。

(3)需防御台风带来的强降水引发的城乡积涝、山洪、泥石流、山体滑坡等灾害。

(4)相关地区需抢收已成熟的火龙果以及蔬菜等,做好晚稻以及甘蔗、香蕉等作物的防风加固以及清沟排涝工作,养殖业和设施农业要切实加强对设施的除险加固工作。

广西区气象局于 2018 年 9 月 14 日 10 时将重大气象灾害(台风)提升为Ⅲ级应急响应,我们将密切监测"山竹"发展动态,及时发布最新预报预警信息。

热带低压已进入南海东北部海面，强度还将加强，将于18日凌晨到早晨登陆海南陵水到广东雷州

郭冬艳　陈红　张春花

（海南省气象台　2018年7月17日）

摘要：原位于菲律宾东北部洋面的热带低压，7月17日05时移入南海东北部海面，05时中心位于北纬19.2度、东经119.6度，也就是在距离文昌市偏东方向约920千米的南海海面上，中心附近最大风力7级（15米/秒）。预计，该低压中心将以每小时35千米左右的速度向偏西方向移动，强度逐渐加强，有可能于12小时内加强为2018年第9号台风，并将于明天（18日）凌晨到早晨在海南陵水到广东雷州一带沿海登陆（登陆时强度为热带风暴级，8～9级，18～23米/秒），登陆后将穿过海南岛进入北部湾海面。受其影响，17—18日，海南省将有强风雨天气过程。预计17日08时至18日20时过程雨量，文昌、琼海、海口、昌江、儋州和白沙等市县100～150毫米，陵水、保亭和三亚等市县30～50毫米，其余市县50～100毫米。该热带低压移速快，强度还将加强，并将在本岛登陆，请有关部门注意做好防范，在南海东北部海域的过往船只需迅速回港避风。

一、天气趋势

原位于菲律宾东北部洋面的热带低压，7月17日05时移入南海东北部海面，05时中心位于北纬19.2度、东经119.6度，也就是在距离文昌市偏东方向约920千米的南海海面上（图1-8），中心附近最大风力7级（15米/秒），中心最低气压998百帕。预计，该低压中心将以每小时35千米左右的速度向偏西方向移动，强度逐渐加强，有可能于12小时内加强为2018年第9号台风，并将于7月18日凌晨到早晨在海南陵水到广东雷州一带沿海登陆（登陆时强度为热带风暴级，8～9级，18～23米/秒），登陆后将穿过海南岛进入北部湾海面（图1-7）。

二、具体预报

受其影响，17—18日，海南省将有强风雨天气过程。

（1）海洋方面：17—18日，南海东北部海面风力7～8级、阵风9～10级，本岛东部海面、琼州海峡、本岛西部海面和北部湾海面的风力将先后增大到7～8级、阵风9～10级，其中台风中心经过的附近海面旋转风8～9级、阵风10级；本岛南部海面、西沙和中沙群岛附近海面风力6～7级、阵风8～9级；南沙群岛附近海面风力5～6级、阵风7～8级。

（2）陆地方面：17—18日白天，本岛南部地区有大雨、局地暴雨，其余地区有大到暴雨、

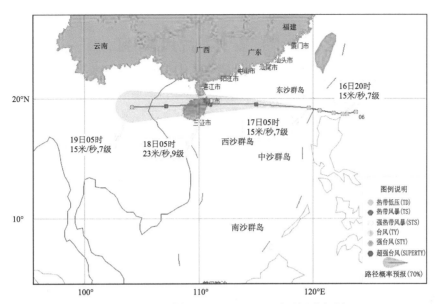

图 1-7 热带低压 7 月 17 日 05 时预报路径图

局地大暴雨;另外,17 日夜间至 18 日上午,本岛四周沿海陆地及台风中心经过的地区将伴有 7~9 级大风,其余陆地风力 5~6 级。

预计,17 日 08 时至 18 日 20 时过程雨量,东北部的文昌、琼海、海口和西部的昌江、儋州、白沙等市县 100~150 毫米(图 1-8),南部的陵水、保亭和三亚等市县 30~50 毫米,其余市县 50~100 毫米。

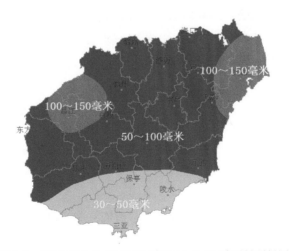

图 1-8 2018 年 7 月 17 日 08 时至 18 日 20 时雨量预报图

三、防御建议

(1)在南海东北部海域的过往船只需迅速回港避风。

(2)该热带低压移速快,强度还将加强,并可能在本岛登陆,请有关部门注意做好防范。

受减弱的"安比"台风影响，
23—24日天津及海河流域将出现明显降雨及大风

汪靖　易笑园　佘文韬

（天津市气象局　2018年7月22日）

摘要：2018年7月22日天津市气象局组织"安比"台风专题讨论会商，给出了"安比"台风影响天津地区和海河流域的具体预报结论，并提出了相应的关注与建议。此次台风路径和风雨预报准时，市领导根据预报结论有针对性地开展防台工作并给予多次批示，天津市气象局精准的预报服务取得了满意的效果。

7月22日10时，"安比"位于上海东偏南方向大约115千米的海面上。按照22日08时中央气象台与相关省市气象台专题会商意见，"安比"将于22日中午前后在上海附近登陆，登陆后将继续向西北方向移动，影响上海、江苏、安徽、山东及京津冀地区（图1-9）。随后，11时市气象台组织台风专题会商，预计受"安比"北上后的低压影响，23—24日天津及海河流域将出现明显降雨并伴有大风。具体预报如下：

一、天津地区

预计23日夜至24日，受台风减弱后的低压环流影响，天津市大部地区有暴雨（50～80毫米）局部大暴雨（100～150毫米），最大雨强30～60毫米/小时。陆地有5～6级偏东风，沿海地区风力可达7～8级，阵风9级。

二、海河流域

预计23—24日海河流域东部（子牙河下游、漳卫河下游、大清河下游、北三河下游、滦河下游）、海河干流有暴雨（50～100毫米）局地大暴雨（150～200毫米）。

三、渤海大风

预计23日下午至24日夜间，渤海西部中部海面有偏东风8～9级阵风10级。

四、关注与建议

（1）强降雨将导致低洼地区和部分路段出现积水，请注意防范对农田渍涝以及城市早、晚交通的影响。

（2）加强北部山区地质灾害隐患点、中小河流的巡查、监测、人员转移等工作；做好河道管理和水库调控，防范局地强降水引发的山洪、泥石流、滑坡等次生灾害。

（3）大风将对户外设施、水上交通、机场、铁路、高速公路等造成影响，请做好大风及沿海高潮位的防范。

由于台风登陆后北上路径还存在很多不确定性因素，而且路径对暴雨位置影响较大，我们将密切关注"安比"的最新动态，及时发布滚动天气预报。

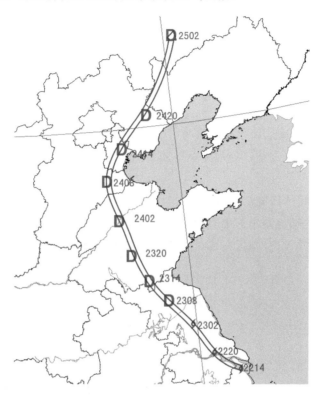

图1-9　"安比"路径预报图（22日14时至25日02时）

贵州将出现影响范围广持续时间长的暴雨天气

赵广忠　谭健　万雪丽　王宇　唐磊

（贵州省气象台　2018 年 6 月 19 日）

摘要：6 月 19 日夜间至 23 日，贵州省自北向南将出现大范围强降水天气过程，累计降雨量在 100 毫米以上，部分地区在 200 毫米以上，最大雨强为 60～80 毫米/小时。此次强降水天气持续时间长、影响范围广、局部累计雨量大，发生山洪、塌方、滑坡、泥石流以及城镇内涝的灾害风险高，加上 22—24 日正值全省中考，相关部门需高度重视，切实做好防范应对处置工作。

从 6 月 19 日夜间开始至 23 日，贵州省自北向南将出现大范围强降水天气过程，除遵义大部和毕节局部外，全省其余地区的降雨量普遍可达暴雨，部分地方可达大暴雨标准，预计累计雨量在 100 毫米以上，部分地区在 200 毫米以上，最大雨强为 60～80 毫米/小时（图 1-10）。

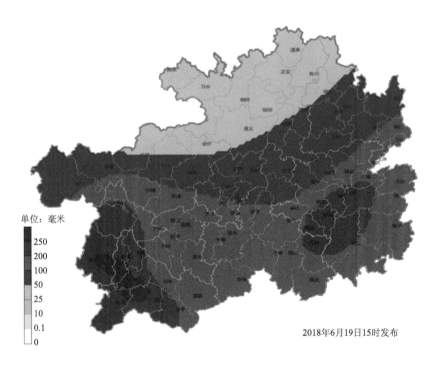

2018年6月19日15时发布

图 1-10　贵州省 6 月 19 日夜间至 23 日累计降水量预报图

具体预报如下：

19 日夜间到 20 日白天，全省各地阴天有中到大雨，中东部地区有暴雨，部分乡镇大暴雨；

20 日夜间到 21 日白天,全省大部分地区有中到大雨,南部地区有暴雨,部分乡镇大暴雨;

21 日夜间到 22 日白天,全省阴天有阵雨或雷雨,南部和中西部地区有中到大雨,局部有暴雨,部分乡镇大暴雨;

22 日夜间到 23 日,全省阴天有阵雨或雷雨,中西部和南部地区有中到大雨,局部有暴雨,部分乡镇大暴雨;

24 日,贵州省西部地区局部有中到大雨,其余大部分地区的降雨天气结束。

由于此次强降水天气持续时间长、影响范围广、局部累计雨量大,发生山洪、塌方、滑坡、泥石流以及城镇内涝的灾害风险高,加上 22—24 日正值全省中考,各地各相关部门须高度重视,切实做好防范应对处置工作。

未来5天强降雨主要位于四川盆地西部及川西高原，请重点加强地质灾害的防范

郭善云　潘建华　王明田　冯汉中　邓波

（四川省气象台　2018年7月8日）

摘要：6月24日以来，四川省多地出现连续强降雨天气，截至7月8日，盆地已出现两次区域性暴雨天气过程（6月29—30日、7月2—3日），导致部分地区受灾，局地灾情严重。

据最新气象资料分析：未来5天盆地西部和川西高原强降雨仍然较多，过程累积雨量较大，局部降雨强度大，地质灾害气象风险等级高，请有关地区做好强降雨及其可能诱发的山洪、滑坡、泥石流、崩塌等地质灾害的防范，做好中小河流洪水、城市内涝、塘库决堤、重要交通干道、通信、电站等重要单位或重点部位的安全防汛工作，并加强农业田间管理。

一、四川省近期降水概况

（1）降水量：6月24日08时至7月7日08时，全省平均降雨量167.7毫米，为历史同期第2多位。累计雨量50~100毫米1274站，100~250毫米2192站，250~400毫米685站，400毫米以上124站（图1-11）。

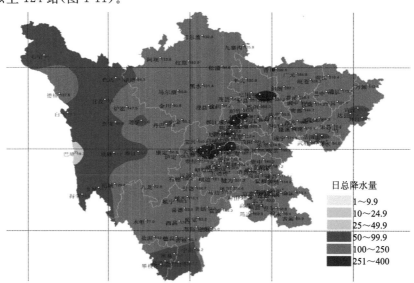

图1-11　6月24日至7月7日四川省累计降水量分布图（毫米）

与常年同期相比,攀西地区南部、甘孜州西部、达州东部偏少 2～5 成,盆地西北部、西南部、川西高原东部偏多 1～3 倍,省内其余地方偏多 2～8 成(图 1-12)。

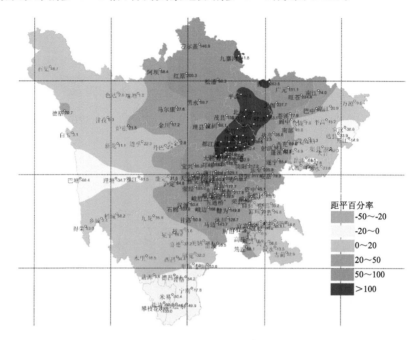

图 1-12　6 月 24 日至 7 月 7 日累计降水距平百分率分布图(%)

(2)降雨日数:6 月 24 日至 7 月 7 日,全省平均降雨日数十天,为历史同期第 2 多位,其中盆地东部、中部、南部、攀西地区南部及甘孜州西南部 5～10 天,省内其余地方 10 天以上(图 1-13)。

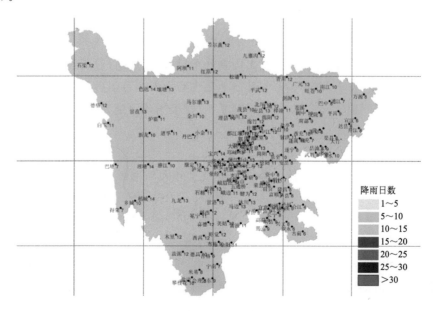

图 1-13　6 月 24 日至 7 月 7 日降水日数分布图(天)

二、未来天气趋势

(1)暴雨蓝色预警：预计 8 日 20 时至 9 日 20 时，广元、绵阳、德阳、成都、眉山、资阳 6 市的部分地方有暴雨(雨量 50～80 毫米)，局部地方有大暴雨(雨量 120～150 毫米)，雅安、乐山北部、甘孜州中部和阿坝州南部的部分地区有大雨(雨量 25～40 毫米)(图 1-14)。

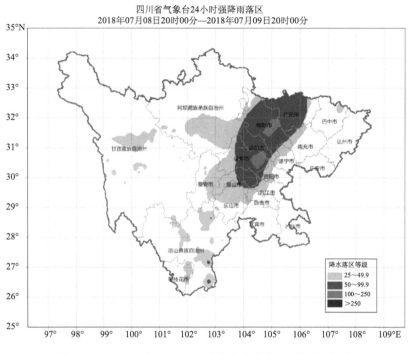

图 1-14　8 日 20 时至 9 日 20 时全省降水落区预报图(毫米)

(2)9—13 日天气预报：盆地西部和川西高原有持续强降雨天气，广元、绵阳、德阳、成都、雅安、乐山、眉山 7 市的部分地区有大雨到暴雨，局部大暴雨(过程累计雨量 150～300 毫米)，另外资阳、内江、自贡、宜宾 4 市的部分地区也有大雨到暴雨(过程累计雨量 60～100 毫米)；川西高原和攀西地区有中到大雨，局部暴雨(过程累计雨量 50～80 毫米)(图 1-15)。

三、关注与建议

(1)加强地质灾害的防范。持续降雨已导致全省大部地区土壤水分饱和，易发生滑坡、泥石流、崩塌等地质灾害。未来 5 天盆地西部和川西高原降雨量仍将持续偏多，相关地区，尤其是旅游景点、交通干线、人口聚集区等区域应加强地质灾害隐患点巡查和临灾预警工作。

(2)加强防洪防涝。请各地加强对雨情、水情、汛情的监测，重点加强塘库、重要交通干道、中小河流、电站、通信设施的防汛工作，同时防范持续强降雨引发的城乡积涝和田间渍涝等。

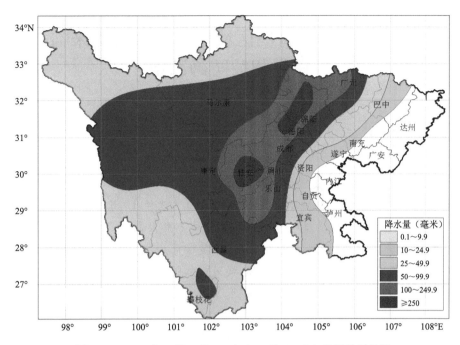

图 1-15　2018 年 7 月 8 日 20 时至 13 日 20 时全省累计雨量图

（3）加强作物田间管理。做好旱地作物排水降湿，水稻防涝，同时加强叶瘟、稻飞虱、螟虫、纹枯病等病虫害的监测与防控。

入汛以来吉林首场区域性强降水天气来临，
做好相关防御准备

纪玲玲　张梦远　刘海峰

（吉林省气象台　2018 年 7 月 10 日）

摘要： 受副高后部切变影响，7 月 11 日午后至 12 日，吉林省将迎来入汛以来首场区域性强降水天气过程，降水主要集中在 11 日傍晚至 12 日上午。其中，中南部有大到暴雨，过程降雨量为 35～60 毫米，部分地方有大暴雨，最大降水量可达 110毫米左右，最大小时雨强可达 30～40 毫米。建议重点防范强降雨带来的山洪地质灾害和中小河流洪水、城市内涝等灾害，同时需加强交通安全管理。

一、明显降雨天气预报

受副热带高压（以下简称副高）后部切变影响，7 月 11 日午后至 12 日，吉林省将迎来入汛以来首场区域性强降水天气过程，降水主要集中在 11 日傍晚至 12 日上午。其中，长春东南部、四平东部、辽源、吉林、通化北部、白山北部和延边西北部有大到暴雨，过程降雨量为 35～60 毫米，部分地方有大暴雨，最大降水量可达 110 毫米左右，最大小时雨强可达 30～40 毫米，长春中部、四平西部、通化南部、白山南部、延边东部和南部、长白山保护区有中到大雨，过程降雨量为 15～35 毫米，其他地区有小雨，过程降雨量不足 10 毫米（图 1-16）。

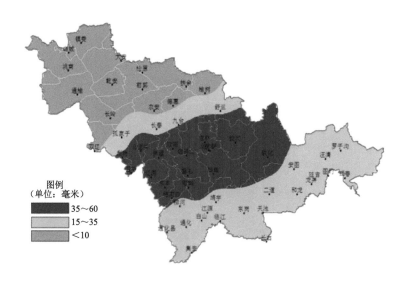

图 1-16　2018 年 7 月 11 日午后至 12 日降水量预报图

二、分析与建议

一是中南部地区可能出现汛情，要做好中小水库防汛工作，并防御市区积水、低洼农田内涝等局地气象灾害。二是预防气象衍生灾害，中南部半山区、山区降雨强度大，需预防小流域山洪、泥石流、山体滑坡和崩塌等灾害；当地旅游景区需及时采取应急管理措施，防范相关灾害的不利影响。三是雨大路滑能见度差，机场和高速公路需加强交通安全管理；暴雨区域很可能出现水毁路段，司乘人员需谨慎驾驶，注意交通安全。

青海转入相对多雨时段,6月30日夜间至7月2日西宁、海东、海北等地有中到大雨,局地暴雨

史津梅　管琴　张调风　冯晓莉　来晓玲　周万福

（青海省气象局　2018年6月29日）

摘要：5月以来,青海省大部气温偏高、降水空间分布不均,其中河湟谷地降水异常偏少,气温突破了历史最高值。东部农业区降水偏少3～6成,海晏列历史同期最少;降水日数普遍偏少2～11天,乐都、民和降水日数为历史同期最少,旱象初露。预计7月初青海省转入相对多雨时段,6月30日夜间开始全省自西向东有两次明显的降水天气过程,部分地区雨量较大,有关部门做好防洪除涝工作。

一、前期气候概况

5月以来,全省气温偏高,部分地区气温突破历史最高值;降水空间分布不均,河湟谷地降水异常偏少。全省平均气温为10.4℃,较常年同期(9.5℃)偏高0.9℃,为历史同期第四高值。门源、湟源、互助、贵德、湟中、乐都、民和、循化8站平均气温突破历史同期最高值,海晏、尖扎、玛沁、甘德、达日5站为历史第二高值,西宁、久治、清水河、泽库、化隆、野牛沟6站为历史第三高值。全省平均降水量为107.8毫米,接近常年同期(103.4毫米)。东部农业区偏少3～6成,海晏列历史同期最少。降水日数偏少2～11天,乐都、民和降水日数为历史同期最低值,大通、互助、海晏为次低值,西宁、湟中、循化为历史第三低值,东部农业区旱象初露,对当地农作物生长发育产生不利影响。

二、7月上旬天气过程预报

预计6月30日夜间至7月2日,青海省自西向东将有一次明显降水天气过程,其中西宁、海东、海北、海南北部、黄南北部、海西东部有中到大雨,部分地区有大到暴雨,并伴有雷电、大风、冰雹等强对流天气(图1-17)。3—4日仍有一次降水天气过程。具体预报如下:

6月30日,大柴旦、祁连山区、刚察有大雨,海西东部、海北大部、唐古拉山区偏西地区有中雨,省内其余地区有阵雨或雷阵雨。

7月1日,大通、湟中、民和、刚察、海晏有大雨,西宁、海东大部、海西东部、海北大部、黄南中北部、海南北部、玉树西部有中雨,省内其余地区有小雨。

7月2日,唐古拉山区西部、玉树大部、果洛南部有中雨,省内其余地区小雨转阵雨。

7月3—4日,果洛东北部有中到大雨,黄南南部、果洛大部、玉树东南部、祁连山区有中雨,省内其余地区有小雨。

三、建议

进入7月份,青海省将转入相对多雨时段,东部农业区旱象得到缓解;过程期间部分地区降水量较大,易引发局地山洪、泥石流、山体滑坡和城市内涝等气象灾害,降水对交通和户外作业带来不利影响,建议相关单位做好防范工作。

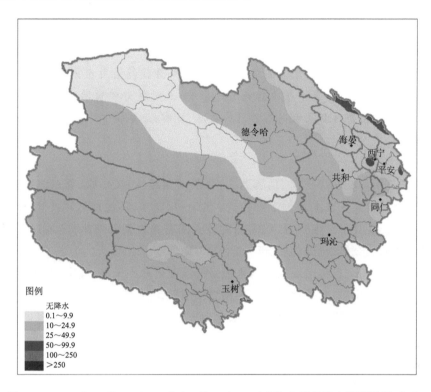

图 1-17　2018 年 6 月 30 日 20 时至 7 月 2 日 20 时青海省累积降水量预报图(毫米)

未来3天湖北将出现入冬以来最强低温雨雪冰冻天气，需加强防范不利影响

吴翠红　王海燕　张萍萍

（武汉中心气象台　2018年12月28日）

摘要：预计未来3天，湖北省将出现入冬以来最强低温雨雪冰冻天气，建议：一是加强交通管理，防范道路结冰对交通的影响，及时做好铲雪除冰；二是做好设施农业、农田作物、畜禽以及水电气管网的防冻、防雪；三是做好水电气及生活物资供应保障。

气象监测显示，12月26—27日，鄂西北、鄂西南西部、江汉平原、鄂东北出现小到中雪、局部大雪，雨雪量较大区域主要位于鄂西北，有3～8毫米；其他地区以小雨为主。截至28日08时，全省有15县市出现积雪，积雪深度较大的有神农架6厘米，老河口5厘米，郧西、十堰、宜城4厘米。今晨最低气温北部−4～0℃，南部0～3℃。

预计未来3天湖北省将出现入冬以来最强低温雨雪冰冻天气，其中，28日至29日白天，鄂西北、鄂西南小到中雪，其他地区零星小雨雪转阴天。29日夜间至30日白天，全省自西向东还将有一次较大范围降雪天气过程，南部中到大雪，北部小到中雪；积雪深度一般2～6厘米、西部和鄂东南山区可达6～10厘米。

由于受强冷空气持续影响，今天（28日）中东部阵风可达6～8级，低温天气将持续一周左右，极端最低气温出现在1月1日前后，北部−10～−6℃、南部−6～−3℃，将有明显冰冻天气发生。

为此建议：一是加强交通管理，防范道路结冰对交通的影响，及时做好除雪除冰；二是做好设施农业、农田作物、畜禽以及水电气管网的防冻、防雪；三是做好水电气及生活物资供应保障。

我们将密切跟踪天气变化，全力做好冰冻雨雪监测预报预警服务。

湖南低温雨雪冰冻天气发展，农业生产
需做好雪灾和冻害的应对工作

谢佰承   汪天颖   李晶   刘思华   袁小康

（湖南省农业气象中心   2018 年 12 月 29 日）

摘要：根据湖南省气象台最新预报，未来 3 天省内仍将出现大范围的低温雨雪冰冻天气，大部分地区降至－5～－4℃，低温冰冻积雪将对各地农业设施、蔬菜、油菜、柑橘等造成不同程度的影响，建议提前做好应对措施，做好防灾减灾工作。

一、未来天气趋势

据湖南省气象台最新预报，12 月 29—30 日省内仍将出现大范围的低温雨雪冰冻天气，全省最低气温将降至－6℃左右，大部分地区降至－5～－4℃，最强时段为 29 日晚至 30 日（图 1-18）；后期，湘中及以北部分地区将出现大雪，局地暴雪（图 1-19）。

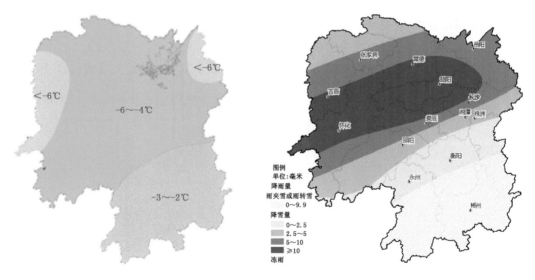

图 1-18   未来 3 天最低气温分布图   图 1-19   12 月 29—30 日降水分布图

二、农作物影响预评估

预计低温冰冻积雪将对各地农业生产造成不同程度的影响。其中，湘西自治州南部、怀化中部和北部、常德南部、益阳大部、长沙西北部、湘潭北部、娄底北部等地农业设施受灾较重；湘北蔬菜将受到中度冻害，湘中及以南蔬菜受轻度冻害；湘中以北低海拔油菜受轻度冻害,海拔 500 米以上油菜受中度冻害;湘中以北柑橘受轻度冻害。

三、应对建议

(一)大棚、温室等农业设施

(1)做好农业设施加固工作。

(2)在农业设施顶棚出现较厚积雪时,要及时除雪,以防垮塌。

(3)采取电热线加温等增温措施,防棚内作物受冻。

(二)油菜

(1)清沟排渍,降低土壤含水量,以提高地温,改善根系生长环境。

(2)及时清除冻伤苔、叶,促进油菜植株尽快恢复生长。

(3)待天气好转后,对于营养生长较旺的田块,进行松土并酌施复合肥;对于长势弱或抽薹早的田块,宜割除早薹、追施氮肥,以刺激营养生长、抑制生殖生长。

(三)蔬菜

露地蔬菜要加强清沟排水,减少田间积水,防止作物渍害。对容易受雪压及冰冻影响的蔬菜,增施草木灰,及时抢盖塑料小拱棚或采用遮阳网、无纺布等保温材料于夜间浮面覆盖保温防冻。

(四)柑橘

(1)用稻草裹树,对树干做好保温防护。

(2)采用覆草、培土等方法保温防寒。

(3)加强果园巡查,发现果树积雪较多时,及时采取人工摇雪的方式除雪,防止积雪压断树干。

1月3—4日江苏中北部将有大到暴雪、局部大暴雪，
5—6日大部分地区有严重冰冻

吴海英　田心如　魏建苏　濮梅娟
（江苏省气象局　2018年1月2日）

摘要：预计3日夜间至4日，江苏省江淮之间北部和淮北地区有大到暴雪、局部大暴雪，东南部地区有中到大雨，其他地区雨转雨夹雪或雪，雨雪量中到大；全省并伴有4～7级，江河湖海面6～8级的偏北大风。5—6日全省大部地区最低气温在0℃以下，淮北地区为—11～—8℃，全省大部分地区有冰冻。建议相关部门加强防范雨雪、低温、冰冻天气对交通运输、电气调度、群众生活、设施农业等的不利影响。

一、天气预报

据最新气象资料分析，2日夜间至4日，江苏省将有明显的雨雪天气（图1-20），其中3日夜间至4日江苏省江淮之间北部和淮北地区有大到暴雪、局部大暴雪，东南部地区有中到大雨，其他地区雨转雨夹雪或雪，雨雪量中到大；江淮之间北部和淮北部分地区积雪深度8～15厘米、局部可达20厘米，沿江西部3～8厘米。5—6日最低气温：淮北地区—11～—8℃，东南部地区0℃左右，其他地区—6～—4℃，全省大部分地区有冰冻。3—4日全省伴有陆上4～7级、江河湖海面6～8级的偏北大风。具体预报如下：

2日，全省白天多云转阴；夜里淮北地区阴有小雨或小雨夹雪，其他地区阴有小雨。

3日，沿淮和淮北地区白天阴有小雨或小雨夹雪，傍晚前后到夜里转中到大雪，部分地区暴雪；其他地区阴有中到大雨。气温：淮北地区—1～4℃，江淮之间2～6℃，苏南地区4～8℃。

4日，江淮之间北部和淮北地区阴有大到暴雪、局部大暴雪；东南部地区阴有中到大雨，其他地区阴有雨转雨夹雪或雪，雨雪量中到大。气温：淮北地区—3～0℃，东南部地区3～5℃，其他地区—1～2℃。

5日，东南部地区阴有小雨或小雨夹雪转多云，其他地区阴转多云。气温：淮北地区—10～1℃，东南部地区1～7℃，其他地区—3～2℃。

6—7日，全省还有一次雨雪天气过程。

二、建议

(1)雨雪、低温、冰冻天气将对交通运输造成较大影响，相关部门要提早做好应对

工作。

（2）低温天气将导致城乡电、气用量增多，相关部门做好调度工作；市政部门做好供水管道的维护，防止低温造成水管爆裂，影响群众生活。

（3）设施农业及时清扫大棚积雪，并防范低温、阴雨寡照可能造成的冻害和病害。

我局将密切监视天气变化，及时报告最新预报预警信息。

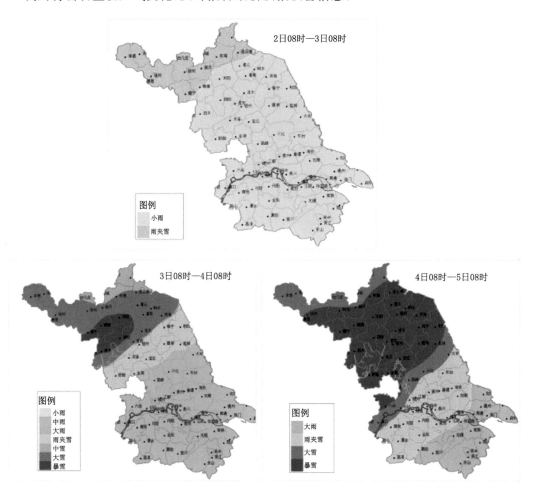

图 1-20　2018 年 1 月 2—4 日雨雪量逐日预报图

第二篇

天气气候监测评估与预测

2018 年第 18 号台风"温比亚"评估分析

赵慧霞　连治华　张立生　刘璐

（国家气象中心　2018 年 8 月 22 日）

摘要：2018 年第 18 号台风"温比亚"于 8 月 17 日登陆上海浦东沿海，是 2018 年第 8 个登陆我国的台风，也是第 3 个登陆上海的台风。"温比亚"从登陆到在山东北部入海，在陆地上维持时间长达 73 小时，历史少见；受其影响，河南东部、山东、安徽北部、江苏中南部、辽宁南部等地出现大范围暴雨或大暴雨，部分地区出现特大暴雨；山东省过程平均降雨量达 141 毫米，创下 1951 年以来历史最高纪录。受台风"温比亚"影响，山东、河南、安徽、江苏、浙江和辽宁等地遭受不同程度暴雨洪涝灾害。针对"温比亚"，中国气象局高度重视，及时启动气象灾害应急响应；中央气象台加强监测和预报预警，强化决策气象服务信息报送；各级气象部门通力协作，全力做好"温比亚"气象服务各项工作。

一、台风"温比亚"概况及风雨实况

（一）台风"温比亚"是 2018 年第 8 个登陆我国的台风，也是第 3 个登陆上海的台风

2018 年第 18 号台风"温比亚"8 月 15 日生成，17 日 04 时前后在上海浦东新区南部沿海登陆，登陆时中心附近最大风力 9 级（23 米/秒，热带风暴级），18 日下午在河南境内减弱为热带低压，20 日凌晨在山东北部变性为温带气旋，之后进入渤海，20 日夜间在黄海北部海面进一步减弱，21 日 02 时中央气象台对其停止编号（图 2-1）。

（二）台风"温比亚"给浙沪苏皖豫鲁辽等地带来强降雨和大风

16—21 日，受"温比亚"影响，浙江北部、上海、江苏、安徽、河南、山东以及辽宁东部、吉林东南部等地出现暴雨或大暴雨，河南东部、苏皖北部、山东中西部及辽宁大连等地出现特大暴雨；河南商丘和周口，山东济宁、泰安、淄博、临沂、潍坊、东营以及安徽宿州和淮北、江苏徐州、辽宁大连等地累计降雨量 300~480 毫米，河南商丘柘城最大降雨量达 554 毫米；沪浙及苏皖南部的降雨主要出现在 16 日夜间至 17 日，豫鲁和苏皖北部等地的降雨主要出现在 18—19 日，吉辽等地降雨出现在 20—21 日（图 2-2）。期间，浙江舟山群岛、江苏东部沿海、山东半岛沿海、辽东半岛沿海及附近岛屿出现 10~12 级大风。另外，18 日傍晚江苏徐州铜山区三堡镇出现两次龙卷风。

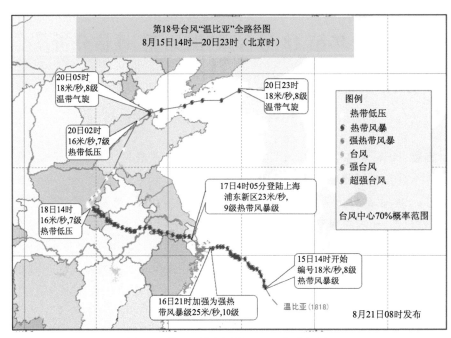

图 2-1 第 18 号台风"温比亚"全路径图

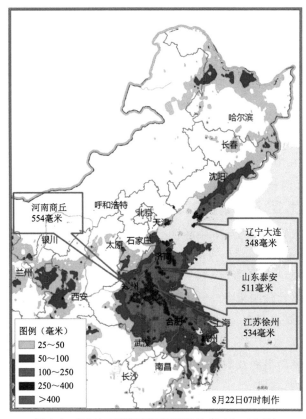

图 2-2 "温比亚"降雨量实况图(8 月 16—21 日)

二、台风"温比亚"及影响特点

(一)台风强度弱、陆上维持时间长

"温比亚"从生成到停编,历时超过5天,期间仅在登陆前维持强热带风暴级别7个小时,其余时段强度均维持在热带风暴或热带低压。"温比亚"从17日04时登陆到20日05时前后在山东北部进入渤海,在陆地上维持时间长达73小时,比10号北上台风"安比"还要长11小时,历史少见。

(二)降雨强度大、影响范围广

受"温比亚"影响,河南东部、山东、安徽北部、江苏中南部、辽宁南部等地出现大范围暴雨或大暴雨,部分地区出现特大暴雨,共有24个县市日降雨量突破历史极值,河南商丘最大1小时降雨量达112毫米;累计降雨量100毫米以上和250毫米以上的面积分别达36万平方千米和4万平方千米。其中,山东省过程平均降雨量达141毫米,创下1951年以来历史最高纪录。

(三)暴雨洪涝灾害影响重

受台风"温比亚"影响,山东、河南、安徽、江苏、浙江和辽宁等地出现不同程度的暴雨洪涝灾害,导致部分地区农作物和经济作物受灾,道路和堤坝等基础设施损坏,多地出现严重内涝、房屋倒塌及人员溺亡事件;江苏徐州和安徽滁州还出现大风灾害。据国家减灾中心统计,截至21日,台风灾害已造成河北、辽宁、上海、江苏、浙江、安徽、山东、河南8省(市)近1500万人受灾,数十人死亡失踪,直接经济损失上百亿元。

三、气象部门预报预警及服务情况

高度重视,及时启动气象灾害应急响应。针对台风"温比亚",中国气象局以及各相关省(市)气象部门高度重视,及时启动应急响应,提前部署各项服务工作。中国气象局启动重大气象灾害(台风)Ⅳ级应急响应,浙江、上海、江苏、安徽、山东、河南、辽宁、吉林等地及时启动相应台风或暴雨应急响应级别,其中山东、河南启动重大气象灾害(暴雨)Ⅱ级应急响应,辽宁启动重大气象灾害(暴雨和大风)Ⅰ级应急响应。

通力协作,准确及时发布预报预警。中央气象台与相关省(市)气象部门密切合作,加强预报会商,对台风"温比亚"作出了较为准确的预报,并及时发布预报预警信息。结果显示,中央气象台的24小时台风路径预报误差为62.2千米,强度预报误差为1.71米/秒,优于日本(路径误差和强度误差分别为68.6千米和2.23米/秒);17—20日降雨最强时段的24小时暴雨预报平均准确率达0.43,高于欧洲中心数值预报模式21%。影响期间,中央气象台共发布台风预警10期,暴雨预警11期,海上大风预警6期,山洪地质灾害、中小河流洪水和渍涝气象风险预警16期;相关省(市)气象部门共发布关于台风、暴雨、雷电、雷雨大风等预警近3000条,向相关应急责任人发送信息数为2300多万人次,其中,山东、河南、辽宁等省气象台及相关市气象台发布暴雨红色预警信号193条。

积极应对,滚动做好决策气象服务。针对"温比亚",中央气象台加强监测和预报预警,

强化决策气象服务信息报送,并加强报送频次,以《重大气象信息专报》《气象灾害预警服务快报》《两办刊物信息》等形式共向中办、国办及相关部门滚动报送最新信息 12 期。各省(市)气象部门积极主动向当地政府报送决策服务材料,其中,安徽、江苏等省气象部门 16 日起每隔 3 小时发布最新天气实况和预报信息,并报送省委省政府、省防办等相关部门;山东省气象部门也积极主动通过《每日气象专报》、传真、短信、邮件等方式向省委、省政府以及省水利厅、安监局、国土资源厅等部门滚动报送雨情与预报信息,并及时组织抢险救灾气象保障和灾情调查等工作。

26—28日北方出现2018年以来最大范围沙尘天气，
未来10天还将有两次沙尘天气过程

李佳英　桂海林　张碧辉　张永恒　刘扬　孙林海

（国家气象中心　2018年3月28日）

摘要：3月26—28日，北方地区出现2018年以来第4次沙尘天气，内蒙古中东部、山西北部、河北中北部、北京、天津及东北地区先后出现大风、扬沙或浮尘，内蒙古锡林郭勒盟局地出现沙尘暴。此次沙尘天气具有覆盖范围广、影响时段集中、空气污染程度重等特点。截至3月28日，2018年北方地区已出现4次沙尘天气过程，略少于近10年同期平均次数（4.4次），与去年同期持平（4次）。北京地区出现沙尘次数1次，较近10年同期平均次数（0.1次）偏多，北京沙尘天气处于年代际偏少的背景下，但春季为沙尘天气多发季节，部分时段仍有可能出现较重沙尘天气。

预计未来10天，北方地区还有两次沙尘天气，主要出现在3月29—31日、4月2—3日，新疆南疆盆地、内蒙古中西部、甘肃、宁夏、陕西北部等地有扬沙或浮尘，局地有沙尘暴。

一、26—28日北方地区大范围沙尘天气及特点

3月26—28日，北方地区出现2018年以来第4次沙尘天气，内蒙古中东部、山西北部、河北中北部、北京、天津及东北地区先后出现扬沙或浮尘，并出现5～7级风，阵风达8～9级；内蒙古锡林郭勒盟局地出现沙尘暴，最低能见度不足400米。此次沙尘天气具有覆盖范围广、影响时段集中、空气污染程度重等特点。

覆盖范围广：目前沙尘范围包括新疆南疆、内蒙古、山西、河北、北京、天津、辽宁、吉林、黑龙江等地（图2-3），影响面积约150万平方千米。

影响时段集中：此次大范围沙尘天气主要出现在27日下午至28日上午，北京地区主要出现在28日早晨至白天。

空气污染程度重：此次沙尘天气强度大，造成多地空气质量爆表。据环境观测资料显示：内蒙古、京津冀等地PM_{10}峰值浓度1000～2000微克/立方米；其中北京地区28日05—07时PM_{10}小时浓度瞬间由282微克/立方米飙升到接近2000微克/立方米，定陵达3157微克/立方米，同时，北京大部地区$PM_{2.5}$峰值浓度为180～335微克/立方米，出现混合型严重污染。

随着影响系统气旋东移，28日夜间开始，上述地区沙尘天气逐渐减弱，其中，北京由于大气扩散条件没有得到明显改善，预计28—29日两天仍会受浮尘影响，28日夜间起逐渐

38

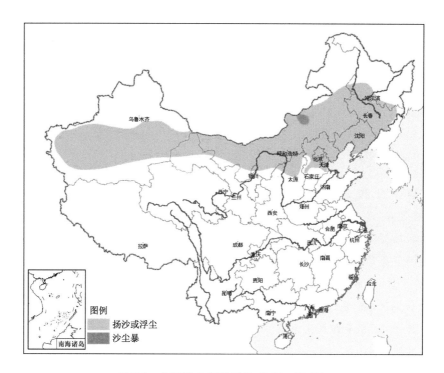

图 2-3 全国沙尘实况图(3 月 26—28 日)

减弱。

截至 3 月 28 日,2018 年北方地区已出现 4 次沙尘天气过程,略少于近 10 年同期平均次数(4.4 次),与 2017 年同期持平(4 次);北京地区出现沙尘次数 1 次,较近 10 年同期平均次数(0.1 次)偏多。

二、此次沙尘天气的成因分析

3 月以来我国北方地区降水偏少,气温偏高,其中内蒙古中部及华北等地降水偏少 3～8 成,气温偏高 2～6℃,加之北方地区地表土壤已基本解冻,气象条件总体有利于沙尘天气的生成。而且本次影响我国北方地区的气旋发展强盛,从蒙古国起源的沙尘天气,随气旋东移发展携带上游的沙尘一路向西影响到京津冀及东北地区。

根据北京观象台沙尘资料统计分析:20 世纪 50 年代北京市沙尘最严重,春季(3—5 月)沙尘日数平均多达 26 天;20 世纪 60—80 年代,沙尘日数有所下降,在 10～20 天波动;90 年代以后至 21 世纪初,沙尘日数明显下降,在 5～7 天;2010 年以后(2011—2017 年)平均沙尘日数在 3 天左右。

从气候变化趋势看,目前北京沙尘天气处于年代际偏少的背景下,但春季为沙尘天气多发季节,部分时段仍有可能出现较重沙尘天气。

三、未来天气气候趋势预测

预计未来 10 天,冷空气和气旋活动仍然较为活跃,新疆南疆盆地、内蒙古中西部、甘肃、宁夏、陕西北部等地多扬沙或浮尘天气,局地有沙尘暴。其中 3 月 29—31 日,新疆南疆盆地、内蒙古、甘肃西部、宁夏中北部、陕西北部等地将有浮尘或扬沙天气,内蒙古西部、新疆南疆盆地、甘肃西部的部分地区有沙尘暴。4 月 2—3 日,新疆南疆盆地、内蒙古中西部、甘肃西部及华北北部等地还将有一次沙尘天气过程。

预计 4 月,欧亚中高纬度地区环流呈明显阶段性变化特征,上旬北方地区冷空气活跃,沙尘的动力输送条件较好,华北地区出现沙尘天气的可能性大;中、下旬北方冷空气势力转弱,不利于华北地区出现沙尘天气。

四、气象服务情况

针对此次沙尘天气过程,中央气象台与相关省(区)气象部门加强天气会商、预警发布和应急值守工作。26—28 日,中央气象台共发布沙尘暴预警 5 期,并以《两办刊物信息》等形式向中办、国办及相关部门滚动报送决策服务材料 4 期;利用各种媒体和传播手段向社会、公众发布预报预警、沙尘实况以及防御措施等信息。

中央气象台将密切关注天气形势变化,及时提供气象服务信息。

气候变化对华北地区水安全的影响分析

许红梅 高歌 巢清尘 韩振宇 石英 尹宜舟

高荣 周兵 王艳姣 石帅 邹旭恺

（国家气候中心 2018 年 4 月 29 日）

摘要：华北处于东亚季风区北边缘带，是我国气候变化敏感区、生态环境脆弱区和水资源匮乏区。降水年际变化大，易旱且涝，极端干旱和洪涝灾害时有发生。在全球气候变化背景下，近 60 年华北气候呈现暖干化趋势，升温速率接近全球平均的 3 倍，年降水量减少 10％，降水日数平均每 10 年减少 1.9 天，海河流域水资源量每 10 年减少 25.7 亿立方米。党的十八大以来，华北地区防汛抗旱工作取得了很好的效果，海河流域水环境得到改善，地下水超采得到遏制，水资源供需平衡关系相对稳定。但是未来随着水生态建设标准提高和生态用水增加以及受气候变暖影响，华北水安全仍面临水资源供给和使用不合理、海河流域防洪形势严峻、短历时强降水导致城市内涝灾害风险增大、降水转化水资源效率低等问题。因此建议：一是贯彻落实习近平总书记关于治水兴水的指示精神，加强水安全顶层设计；二是在确保防洪安全的前提下，充分利用洪水资源；三是强化空中云水资源合理开发利用；四是提高雨洪预报预测预警水平。

一、华北是气候变化的敏感区，近 60 年呈暖干化趋势

（一）平均气温增温率明显高于全球和全国平均

华北处于东亚季风区北边缘带，夏季高温多雨，冬季寒冷干燥，降水集中，年际变化大，易旱且涝，极端干旱和洪涝灾害时有发生。受全球气候变化影响，1961 年以来，华北地区年平均气温每 10 年升高 0.32℃（图 2-4），升温速率接近全球平均的 3 倍（每 10 年升高 0.12℃），也明显高于全国平均水平 0.23℃。京津冀和海河流域平均气温每 10 年分别升高 0.31℃和 0.28℃，气候变暖呈加剧趋势。

（二）降水量和降水日数明显减少

近 60 年，华北地区年降水量减少 10％（每 10 年减少 8.5 毫米）（图 2-5），其中夏季降水减少最为显著（每 10 年减少 16 毫米）。京津冀和海河流域年降水量均减少 11％（每 10 年分别减少 10.7 毫米和 11.2 毫米）。同时，华北、京津冀和海河流域降水日数均显著减少，每 10 年分别减少 1.9 天、1.8 天和 2.9 天（图 2-6）；华北、京津冀和海河流域不同强度等级雨量和雨日也呈现减少。

（三）短历时降水极端性增加

气候变化导致降水的极端性增强，北京和天津百年一遇小时雨强缩短为 70 年一遇；本

世纪以来华北地区极端强降水频次和日降水量突破历史极值的频率均明显增加。北京日雨量超过 150 毫米的降水有 46％发生在近 20 年，其中超过 250 毫米的降水主要发生在 2012 年和 2016 年。河北超过 250 毫米的降水有 42％发生在近 20 年，天津和山西分别为 38％和 39％。短时极端强降水引发的城市内涝和中小河流洪水灾害趋重。

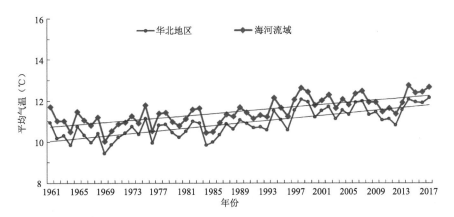

图 2-4　1961 年以来华北和海河流域年平均气温历年变化

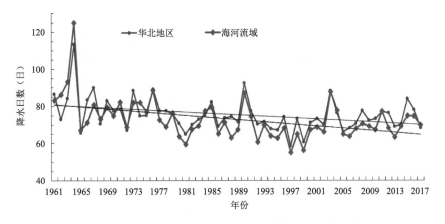

图 2-5　1961 年以来华北和海河流域年降水量历年变化

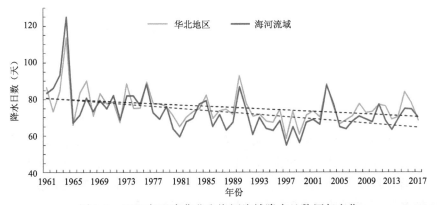

图 2-6　1961 年以来华北和海河流域降水日数历年变化

二、华北是气象灾害脆弱区,近 60 年海河流域水资源减少明显

(一)华北为我国受干旱影响最重的地区之一

华北地区干旱年频率普遍达 60%～70%,居全国之首。干旱具有发生频次高、持续时间长、波及面广、灾害损失重等特点。华北地区年干旱日数居全国最多,平均为 55.4 天,较全国平均(47.4 天)偏多 8 天,环渤海城市群年干旱日数多达 60～70 天。华北干旱主要发生在 4—10 月,以春夏旱和夏秋旱为主,连年干旱时有发生。

华北地区农业干旱受灾面积平均每年 298.7 万公顷,占全国受旱面积的 13%。1997 年、1999—2002 年华北相继出现大范围严重干旱,导致水库蓄水明显减少,地下水位下降,其中 1999 年农业受灾面积高达 608.7 万公顷,为平均值的 2 倍,2014—2015 年因干旱造成的直接经济损失均超过 110 亿元。

(二)极端暴雨洪涝影响重

华北平原地处我国地势最低的一级阶地,降雨集中,暴雨主要集中在 7 月下旬至 8 月上旬,且强度大,易发生流域性洪水。海河作为华北地区最大的水系,其流域洪水具有洪峰高、峰型陡、洪量集中,以及突发性强、年际变化大、预见期短等特点。一旦发生暴雨,极易形成洪涝,灾害影响重,水资源难以存留。

20 世纪以来海河流域发生了多次大洪水,灾害损失大、影响范围广的有 1917 年、1939 年、1956 年、1962 年、1963 年、1996 年、2012 年和 2016 年。1939 年,海河流域各水系均发生大洪水,河北省中部平原受灾最重,造成 1.33 万人死亡,多条铁路冲毁,天津受淹长达一个半月。1963 年 8 月,海河南系发生了一场有水文记录以来的最大洪水,暴雨中心獐么站降雨持续 7 天,累积降雨 2050 毫米,造成多座中小型水库失事,堤防决口达 2300 多处,5800 多人死亡。2012 年 7 月 21 日,北京、天津、河北北部及山西北部出现大范围强降雨过程,具有雨量大、雨势强、范围广、影响重等特点。北京房山区河北镇 20 小时最大降水量达 460 毫米。海河流域的北运河遭遇特大洪水,仅北京直接经济损失就高达 120 亿元。2016 年 7 月 19—21 日,京津冀地区发生大范围暴雨,河北井陉过程雨量 450 毫米,三省(市)共有 1000 多万人受灾,直接经济损失 580 多亿元。

(三)海河流域水资源短缺且减少明显

海河流域每年空中云水资源量 1.9 万亿立方米,实际降到地面水量 1664 亿立方米,云水资源转化率仅为 8.8%(全国平均为 20%)。年地表水资源量、地下水量和水资源总量仅占全国总量的 0.8%、2.9% 和 1.3%。

1961 年以来,海河流域水资源总量、地表水资源量呈现明显减少态势,平均每 10 年分别减少 25.7 亿立方米、24.6 亿立方米(图 2-7)。1980 年是丰水期转为枯水期的明显转折点,1956—1979 年年均地表水资源量 256 亿立方米,1980—2016 年年均地表水资源量 153 亿立方米,减少 40%。21 世纪以来,年平均地表水资源量只有 127 亿立方米,较 1956—2000 年减少 41%。降水量减少、下垫面变化(水土保持增加了山区保水量)和地下水开采(地下水亏空和包气带增加)是造成地表水资源量显著减少的主要原因。

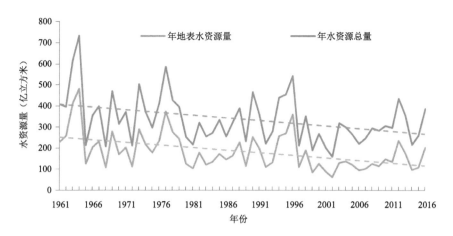

图 2-7 1961—2016 年海河流域年水资源总量和地表水资源量历年变化

三、未来华北地区水安全形势分析

（一）未来华北地区气候变暖加剧，极端降水量增强，北部极端干旱增加

未来华北变暖将加剧，降水增幅小。预计 2050 年前后，华北地区年平均气温升温幅度为 1.6℃（较 1986—2005 年），升温趋势由西南向东北逐渐增加，升温幅度大都在 1.4～1.8℃，其中河北东北部升温幅度高，升温在 1.7℃以上（图 2-8）。从季节分布来看，四季气温都将升高，且夏、秋季气温升高幅度分别达到 1.79℃、1.74℃。华北地区年平均降水量增加幅度不到 4％，山西南部至河北南部一带增加相对明显，增加值一般在 5％～10％。季节降水以冬季增加幅度最大，平均增幅约 12％，局部地区增幅可达 25％。

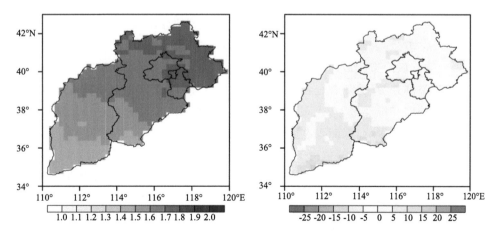

图 2-8 华北地区 2050 年前后年平均气温（左，℃）和降水
（右，％）的变化（相对于 1986—2005 年）

未来华北旱涝规律更为复杂。2050 年前后，尽管华北地区降水量增加不大，但降水的

极端性将增强,小雨日数将减少。华北北部地区连续干旱日数将增加,部分地区增幅在1~3天,北部极端干旱将加剧(图2-9)。

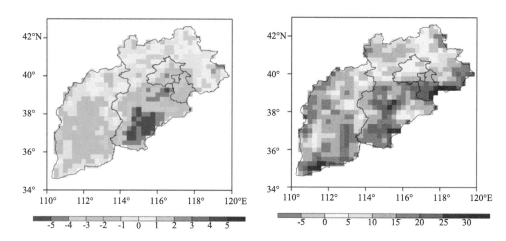

图2-9 2050年前后华北地区旱涝极端气候事件的变化(相对于1986—2005年,连续干旱日数的变化(左,天),极端强降水量的相对变化(右,%))

未来华北水资源增幅总体不大。预计到2050年,华北水资源增加幅度不超过4%。结合社会经济发展以及生态修复对水资源的需求,未来水资源供需矛盾仍将是华北地区可持续发展的制约因素。

(二)未来华北地区供水安全风险高

华北地区人口聚集,水资源总量不足,以全国1.3%的水资源供给全国10%的人口使用。随着经济社会发展、人口增加、城镇化进程以及生态文明建设,生产、生活和生态需水量将发生改变,供水安全风险高。

一是生产、生活、生态用水供需矛盾突出。以北京为例:1994—2000年平均人均年水资源总量为246立方米/人,2001—2010年降为139立方米/人,2011—2016年仅为137立方米/人。虽然受灌区改造、节水灌溉技术推广以及工业水重复利用率提高等影响,农业和工业用水将呈现下降趋势,但随着全社会对生态环境的重视,尤其是京津冀协同发展、雄安新区建设等重大战略相继实施,水生态建设标准提高,生态用水需求将进一步增加。此外,受气候与下垫面变化的影响,保障生态供水的难度增大。

二是流域应对水资源风险能力不足。随着外调水工程通水,供水水源不断丰富,水资源供需平衡关系相对稳定,海河流域水环境得到一定程度的改善。但未来海河流域仍存在供水安全风险,主要体现在三个方面:一是本地水源与外调水源遇到枯水期的风险;二是部分区域面临供水水源单一、备用水源不足的风险;三是部分区域缺少水资源调蓄工程,应对长期风险的能力不足。

三是尽管地下水超采得到控制,但超采在一定时期内仍将存在。地下水一直是海河流域的主要供水水源,占总供水量的60%以上。海河流域自20世纪80年代至今,年均地下水超采量约60亿立方米,累计地下水净亏空量超过1000亿立方米。1980—2000年年均地下水资源量 235 亿立方米,地下水开采量由 1980 年的 205 亿立方米增加到 2000 年的 263 亿立方米,地下水供水量及供水比重均呈增长趋势。自 2000 年以来,地下水开采量 246 亿立方米,总体呈现稳步下降趋势。特别是近 5 年来,流域内主要省市加大超采区综合治理,超采恶化趋势得到控制,地下水水位下降趋势减弱。预计在 2020 年前,地下水水位下降趋势将得到遏制,局部地区地下水水位回升。到 2030 年,山前平原地下水埋深总体上高于 2000 年水平,但地下水超采仍将存在。

(三)海河全流域防洪形势严峻,城市内涝灾害风险大

一是全流域防洪形势严峻。经过 50 多年的治理,海河流域防洪工作取得了很大成就,已形成"分区防守、分流入海"的防洪格局,初步形成了由水库、河道、蓄滞洪区组成的流域防洪体系。但由于流域强降水和洪水形成的特殊性,加上河道行洪能力降低、蓄滞洪区启用难、全流域调度协调要求高,预计到 2050 年前,随着降水强度的增加,流域防洪形势仍将严峻。

二是城市内涝风险大。近几十年来,华北地区迅速发展,城市建成区面积逐年增加,近 20 年城市面积增长率为 16.6%。城市扩张极大地增加了城市的径流总量和峰值流量,对排水管道的疏泄能力提出了更高要求。加之近些年来华北地区短历时降水强度和频次的增加,一旦出现强降水,城市径流量超过排水管道的设计峰值,便会造成城市内涝。

三是雄安新区度汛压力大。雄安新区位于大清河流域白洋淀周边,地势相对低洼,易受大清河洪水侵袭。新区防洪标准为 50~200 年一遇,现状防洪标准仅 20 年一遇。新区内涝风险大,对排水能力建设要求高,在新区防洪工程尚未建成的情况下,新区建设期间安全度汛压力较大。

(四)年降雨量减少及下垫面变化和地下水开采,使降水转化为地表水资源的效率低

1961—2016 年,海河流域年降水量转化为年地表水资源的转化率总体呈下降趋势,平均每 10 年减少 1.1%。20 世纪 60 年代和 70 年代降水转化率为 13%,80 年代减少为 9%,2000—2010 年达到最低值 7%(图 2-10)。

海河流域的径流年内分配不均匀,径流量主要来自汛期洪水,其全年径流量的 80% 以上集中在 6—9 月。海河流域年降水量减少,其中,夏季降雨量减少趋势显著,是导致海河流域地表径流量减少、年降水转化为地表水资源降低的原因之一。下垫面变化使得水土保持增加了山区保水量,地下水开采造成地下水亏空和包气带增加,也是地表水资源减少的原因。此外,经济社会发展和生态用水的增加,也导致地表水资源减少。

四、对策建议

由于气候系统与水循环的相互作用,使区域水资源可利用性发生了改变。气候变暖通过加速大气环流和水文循环过程,引起水资源量及其空间分布的变化。研究表明,温度每升高 1℃,全球受水资源减少影响的人口将增加 7%。综合考虑未来华北气候特点、水资源状

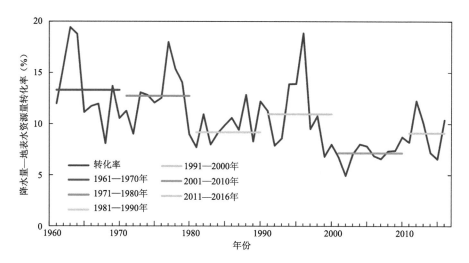

图 2-10　1961—2016 年海河流域年降水量－地表水资源量转化率

况和气候变化因素,华北地区的水安全形势不容乐观,建议如下:

(一)贯彻落实习近平总书记关于治水兴水的指示精神,加强水安全顶层设计

贯彻落实习近平总书记"节水优先、空间均衡、系统治理、两手发力"治水兴水的指示精神,加强水安全顶层设计和研究,开展水资源、水生态、水环境、水灾害的"四水同治"战略设计和相关科学问题的研究。同时,进一步完善政策措施、市场措施、工程措施,以水安全保障京津冀经济社会可持续发展。坚持节水优先,营造全社会良好的节水氛围,通过结构调整和节水措施,努力以最小的水资源消耗获取最大的经济社会生态效益。

(二)在确保防洪安全的前提下,充分利用洪水资源

综合工程措施和非工程措施,在确保防洪安全的前提下,合理利用洪水资源,最大限度地实现雨水在相应区域的积存、渗透和净化,使更多洪水资源转化为可利用的地表水和地下水资源。根据《海河流域综合规划(2012—2030 年)》,每年入海水量目标为 18.2 亿立方米,近 5 年(2012—2016 年)由于降水主要发生在城市,很快形成径流,年均实测入海水量为59.4 亿立方米,分别占地表水资源量和水资源总量的 38% 和 18%,因此洪水资源的利用具有较大潜力。

(三)强化空中云水资源合理开发利用

从自然云的降水效率看,对流云平均降水效率为 56%,层状云为 29%。华北地区空中云水资源转化率每增加 1%,每年即可增加降水资源量 190 亿立方米。从青海省人工增雨的实践看,随着三江源人工增雨工程的实施,每年在三江源作业区增加降水80 亿立方米,为三江源地区生态环境的保护和三江流域的经济社会发展及生态安全起到了积极作用。因此,建议加强华北地区人工影响天气能力建设,合理开发利用空中云水资源。

(四)提高雨洪预报预测预警水平

由于华北地区气候年际波动大,降水时空分布不均,海河流域主雨区暴雨强度大、突发

性强,山区到平原过渡带短,源短流急,洪水来势猛,预见期短,加之流域下垫面变化很大,强降水和洪水预报难度很大。需要加强华北地区暴雨、洪水规律研究,提高雨洪预报预测预警水平,增强气象和水文灾害风险管理能力。

2018 年夏季我国华北持续性
高温的成因和未来趋势展望

刘伯奇　　苏京志　　马双梅　　祝从文

（中国气象科学研究院　　2018 年 8 月 10 日）

摘要：2018 年夏季，特别是 7 月中旬之后华北和东北南部发生了持续性极端高温，引起了社会和公众的广泛关注。7 月西北太平洋副热带高压的偏北偏强和中高纬度波列的异常活动是此次华北地区持续性高温的环流成因，而北大西洋和黑潮延伸区的异常暖海温是导致环流异常的主要下垫面强迫。8 月华北的温度有可能异常偏高，但极端高温事件的发生概率减少，更多应关注强降水事件和次季节旱涝急转的影响。

一、引言

自 2018 年 7 月以来，华北地区的温度异常偏高 1～3℃，东北南部，例如辽宁的一些台站达到了历史极值，发生了持续性高温高湿事件。华北地区发生了数次持续性高温事件，7 月平均气温位列 1961 年以来的第四高值，依次低于 2000 年、2017 年和 1997 年同期。

二、本次华北持续性高温的成因

就环流异常而言，2018 年 7 月华北地区的异常高温既受异常偏北的西北太平洋副热带高压（以下简称"西太副高"）影响，也与北方地区异常偏弱的蒙古气旋有关。一方面，当西太副高控制华北地区时，高压区内的下沉增暖会令气温异常偏高；另一方面，当北部蒙古气旋异常偏弱时，北方冷空气难以南下到达华北地区，进一步加剧了当地的异常高温。

上述环流异常都与中纬度的高空波列活动联系紧密，而该波列又与北大西洋和黑潮延伸区海温异常的边界强迫有关。2018 年 7 月，北大西洋海温表现出明显的经向三极子结构，同时黑潮延伸区海温也异常偏暖，下垫面海温异常与 2000 年同期十分接近。其中，北大西洋的三极型海温异常有利于中纬度波列和西太副高的稳定维持，而黑潮暖延伸区的暖海温异常又进一步将西太副高锚定在华北地区附近，进而为当地输送了大量的水汽，导致了 7 月华北地区持续性高温高湿事件。

三、未来趋势和建议

华北地区 7 月和 8 月温度异常具有显著的正相关关系，但是 7 月温度异常与 7—8 月气温增幅之间存在负相关。因此，根据历史经验，尽管 2018 年 8 月华北地区平均气温仍将偏高,但与 7 月相比,该地区的异常偏暖幅度将明显减小。我们建议关注 8 月华北—东北地区的季节内旱涝急转现象。若华北地区 8 月气温增幅减缓,则中纬度蒙古气旋将变得活跃,相应地华北、东北地区降水将明显增多。此外,伴随东亚季风的季节性撤退和西太副高的影响,长江流域则有可能发生持续性高温天气。结合 6 月底预测的我国盛夏降水变化趋势分布和 7 月份降水监测结果,需警惕 8 月份我国北方地区降水异常偏多可能造成的洪涝灾害和长江流域持续性高温事件的发生。

青藏高原对气候变暖响应显著，
谨防冰川消融带来的自然灾害

肖潺　艾婉秀　王朋岭　陈鲜艳　赵琳

（国家气候中心　2018 年 10 月 24 日）

摘要：在全球变暖背景下，青藏高原地区气温自 2001 年以来持续偏高，气候变暖致冰川消融造成的自然灾害呈多发态势，加大了区域气候生态系统的脆弱性，对重大工程设施安全运行及当地的生产生活将构成严重威胁。其中，西藏米林地区 2018 年 5 月以来气温持续偏高，为有观测记录以来同期最高值，并引发堰塞体上方冰川冰崩，形成 10 月 17 日雅鲁藏布江堰塞湖事件，是众多影响之表现。青藏高原是全球气候变化最敏感地区之一，是我国增暖幅度最大的地区。1961 年以来，青藏高原平均气温上升速率为每 10 年 0.36℃，明显高于全国平均水平（0.32℃/10 年）。受气候变暖的影响，我国西部的冰川面积萎缩 18％左右，青藏铁路沿线多年冻土区活动层厚度平均每 10 年增厚 18.9 厘米，西藏海拔 4500 米以上地区最大冻土深度平均每 10 年减小 15.1 厘米，2016 年最大冻土深度创 1961 年以来的最低值；高原湖泊面积增加明显。因此建议：一是要加强对高寒地区气候变化的立体监测；二是要深入开展青藏高原气候变化影响的评估，特别是气候变化对青藏铁路等重大工程影响的研究；三是要细化气象灾害的风险区划，加强自然灾害的监测、预测和风险管理。

一、西藏米林雅鲁藏布江堰塞湖事件成因

2018 年 10 月 17 日凌晨，西藏米林县派镇加拉村雅鲁藏布江左侧发生大型泥石流，堵塞雅江干流，形成巨型堰塞湖，对上游和下游的生产生活及基础设施造成了重大的威胁和影响。经冰川、地质等专家现场考察后，认为此次堰塞湖险情系冰川发生冰崩引起，冰崩体裹挟冰川前部和冰川下游的冰碛物，堆积在雅鲁藏布江造成河道堵塞。

监测显示，2018 年 5 月以来（5 月 1 日至 10 月 24 日），西藏米林气温平均值为 14.9℃，较常年偏高 1.0℃，为有观测记录以来同期最高值；其中 6 月至 9 月持续偏高超过 1℃。5 月以来，米林降水量为 422.9 毫米，较常年同期（586.4 毫米）偏少 27.9％。从各月来看，5—8 月降水量均不足 100 毫米，其中 6 月、7 月、8 月较常年同期偏少 4～5 成，但 9 月降水量转为偏多，偏多超过 5 成。

夏季气温长时间的持续偏高，对冰川的融化非常有利，进入 9 月份后降水迅速增加，对冰碛物移动堆积提供有利条件。因此，西藏米林地区 2018 年 5 月以来气温持续偏高，并引

发堰塞体上方冰川冰崩,很可能是造成 2018 年 10 月 17 日雅鲁藏布江堰塞湖事件的主要原因。

二、青藏高原对气候变化响应敏感

青藏高原升温趋势明显高于全国。青藏高原是全球气候变化最敏感地区之一,是我国增暖幅度最大的地区。1961 年以来,青藏高原平均气温上升趋势明显,平均增幅为每 10 年 0.36℃,明显高于全国平均水平(0.32℃/10 年),超过全球同期平均升温率的两倍。2001 年以来,青藏高原平均气温持续偏高(图 2-11)。

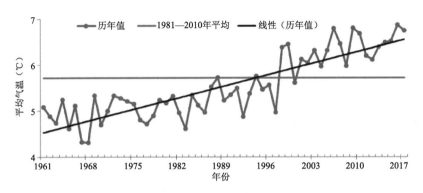

图 2-11　1961—2017 年青藏高原平均气温变化(℃)

(红线:历年值;绿线:常年值;黑线:线性趋势)

冰川面积萎缩明显,藏东南是冰川消融最为显著的地区之一。气候变暖"冰"先知。"冰川是气候的产物",是冰冻圈的重要组成部分,是气候变化的最敏感区,也是气候变化可靠的指示器和预警器。我国是全球中、低纬地区冰川面积最大的国家。20 世纪 50 年代以来,我国西部的冰川面积总体萎缩 18% 左右。雅鲁藏布江流域山地冰川属海洋型冰川,夏季有丰富的南亚季风水汽输送,冰川冰温接近 0℃,对气候变暖响应敏感。受区域增暖影响,加之 20 世纪 90 年代以来南亚夏季风总体处于偏弱的背景下,藏东南地区是青藏高原冰川萎缩和物质亏损最为显著的地区之一。

多年冻土活动层厚度增加,冻土退化明显。活动层是多年冻土与大气间的"缓冲层",是多年冻土与大气之间水热交换的过渡层。青藏铁路沿线多年冻土区活动层观测场监测结果显示,1981—2016 年,活动层厚度呈明显增加趋势,平均每 10 年增厚 18.9 厘米。西藏地区海拔 4500 米以上地区最大冻土深度减小趋势最为明显,平均每 10 年减小 15.1 厘米;海拔 3200～4500 米的中等海拔区为每 10 年减小 4.6 厘米;海拔 3200 米以下地区呈弱减小趋势。2016 年,高海拔地区的最大冻土深度创 1961 年以来的最低值,较常年值减小 91 厘米。

高原湖泊面积增加。1975—2016 年,西藏色林错湖面积呈显著的增加趋势,平均扩张率为 18.9 平方千米/年。其中,1999—2008 年湖面扩张率为 40.9 平方千米/年,2003 年面积达到 2058.1 平方千米,超过纳木错面积,成为西藏第一大咸水湖。2016 年色林错湖面积为 2397.8 平方千米,为近 42 年最大值,较 1975 年(1621.8 平方千米)扩张了 47.9%。西藏纳木错湖面也呈扩张趋势,平均扩张率为 2.02 平方千米/年。2016 年纳木错湖面积为 2029.7 平方千米,为近 42 年最大值,与 2015 年比较扩张了 1.3%,较 1975 年(1947.0 平方千米)扩张了 4.3%。

三、冰川消融导致冰川灾害风险加剧

近年来冰川及其次生灾害频发,冰川灾害风险加剧。在区域升温背景下,随着冰川融水径流增大,冰川消融洪水灾害频率增加;冰湖面积增大,冰湖溃决事件发生频次增加,冰雪融水供给量增加,易于激发泥石流等。另外,气候变暖可能导致冰川活动性增加,从而易引发冰崩事件。近年来冰川灾害暴发频次和规模有所增加,冰川灾害链现象凸现,灾害风险加剧,已经严重影响下游承灾区的生命财产安全。如:2015 年 5 月,新疆公格尔九别峰发生冰崩事件;2016 年 7 月,阿里地区发生阿汝冰崩事件;2018 年 8 月 10 日,新疆喀喇昆仑山高海拔无人区的克亚吉尔冰川堰塞湖发生溃决。

冰川消融也将加剧水资源风险。冰川作为重要的"固体水库",冰川融水是地表水资源的重要组成部分。伴随气候变暖引起冰川消融加剧和面积大范围退缩,冰川所储存的固体水资源已全面亏损。冰川的强烈退缩和冰川储存水资源的短期大量释放,会使大部分冰川补给河流径流量在近期和短期内增加;但随冰川的不断退缩和冰川储存水资源的长期缺损,最终会出现冰川径流由逐渐增加达到峰值后转入逐渐减少的局面,如石羊河流域冰川融水径流现今可能已达到峰值,此后冰川径流的减少会逐步加剧,直至冰川完全消失,从而对区域及下游水资源的可持续利用产生重大影响。

四、对策和建议

青藏高原作为我国天气气候变化的"上游区"和"启动区"、影响亚洲季风系统及我国气候异常和变化的关键区,对区域和全球的气候变化、水循环、生态环境产生至关重要的影响,对我国乃至亚洲气候生态安全具有重要的屏障作用。在气候变暖背景下,青藏高原多年冻土区活动层厚度明显增加,活动层底部温度呈上升趋势;且近年来活动层表现出增厚加快的特点,多年冻土退化明显,均会影响区域水资源供给、工程设计和建设、青藏铁路安全运营等,区域气候生态系统脆弱性和不稳定性加大,由冰川作为触发因素的灾害将更加频发,然而青藏高原地区地广人稀,立体监测、影响评估、灾害风险管理等方面能力还比较薄弱,因此,建议:一是要加强对高寒地区气候变化的立体监测;二是要深入开展气候变化影响的评估,特别是气候变化对青藏铁路等重大工程影响的研究;三是要细化气象灾害的风险区划,加强自然灾害的监测、预测和风险管理。

近3年安徽省霾日数减少、臭氧污染加重，
东北输送路径加剧臭氧污染

石春娥　张晓红　张浩　黄勇　佘金龙
（安徽省气象局　2018年11月30日）

摘要： 最近3年，安徽省霾日数总体下降、气溶胶污染减轻，但夏季臭氧污染有加重趋势。臭氧污染主要分布在安徽北部和沿江东部，污染天数北多南少、东多西少，出现臭氧污染最多的3个城市是淮北市、马鞍山市和宿州市。臭氧污染加重与其前体物（如NO_x）增多和气溶胶污染减轻有关，也与输送条件密切相关，如淮北和马鞍山的臭氧污染分别有三分之二和一半源于安徽省东部和北边省份的输入。臭氧污染不仅对人体健康有不利影响，也会对农产品的产量和质量有不利影响，建议开展臭氧污染形成机理研究，为控制污染提供科学依据。

一、安徽省夏半年臭氧高发区大气污染物输送路径

（一）臭氧污染的时空分布

臭氧污染主要发生在夏半年（4—9月），5—6月最多，2015—2018年安徽城市臭氧污染天数北多南少、东多西少，其中，臭氧超标天数最多的3个城市分别为淮北、马鞍山和宿州，近3年有明显的增多趋势（图2-12）。

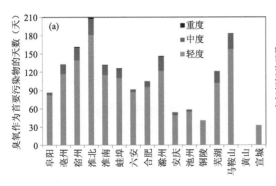
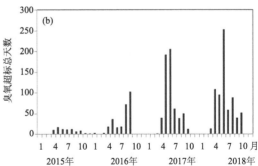

图2-12　安徽16个城市2015—2018年臭氧污染天数（a），
所有城市臭氧污染天数之和月变化（b）（横坐标上面为月，下面为年）

（二）臭氧污染的输送路径

用臭氧污染最多的2016—2018年资料，选取淮北和马鞍山，对安徽北部和东部区域的臭氧输送路径进行分析。夏半年（4—9月）影响淮北和马鞍山臭氧输送的路径分别有5类

(图 2-13)和 6 类(图 2-14),其中,偏东和偏北类路径出现臭氧污染概率最高,说明安徽北边和东边的省份对安徽省臭氧污染贡献显著。

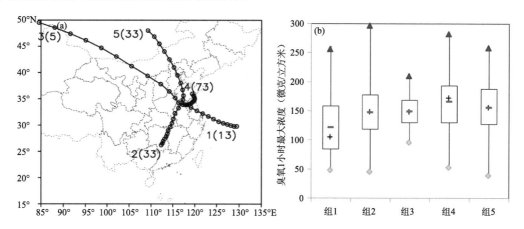

图 2-13 淮北市 2016—2018 年 4—9 月 14 时 1000 米高度输送路径分类(a),轨迹末端括号外为轨迹序号,括号内的数字为该类轨迹下的臭氧污染天数;各组轨迹对应的臭氧日小时最大浓度的统计结果(b),方框的上下边分别为第三、一四分位值,实心三角形(▲)和菱形(◆)分别为最大、最小值,加号(＋)和横线(－)分别为中位值和均值

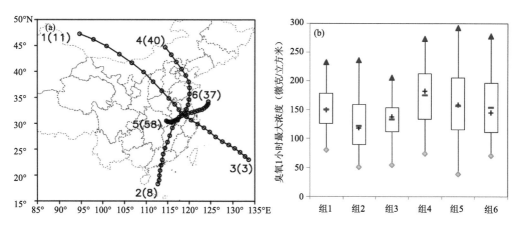

图 2-14 马鞍山 2016—2018 年 4—9 月 14 时 1000 米高度输送路径分类(a),各组轨迹对应的臭氧日小时最大浓度的统计结果(b),说明同图 2

(1)安徽北部臭氧输送路径

从位于安徽北部的淮北市的 5 类输送路径来看,当输送路径为来向偏北的第 5 类和来向偏东北的第 4 类时,对应的臭氧污染天数最多,两类相加达 106 天(图 2-13),占总污染天数(157 天)的 67.5%,其中,输送路径短的第 4 类对应的臭氧污染天数最多,达 73 天(占总污染天数的 46.5%),日臭氧浓度峰值最大,其中位值是各类中最低中位值(第 1 类)的 1.6 倍,且该类路径出现比例最高,占总天数的 36%,表明淮北约三分之二的臭氧污染源于安徽省东边和北边省份的输送。

（2）安徽东部臭氧输送路径

马鞍山市（图 2-14）偏西来向的第 5 类路径对应的臭氧污染天数最多（58 天，占总天数的 36.9％），该类路径出现比例最高，占总天数的 31％，说明马鞍山市臭氧污染受安徽本省污染源影响较大。其次是东北来向的第 4 类和偏东来向的第 6 类路径，这 2 类输送路径对应的臭氧污染天数占总污染天数的 49.0％，其中第 4 类路径对应的日臭氧浓度峰值的中位值最大，是各组最低中位值的 1.5 倍，说明在这样的输送条件下最容易出现臭氧污染，该组轨迹出现比例占总轨迹数的 14％。考虑到马鞍山的地理位置（安徽最东边）和城市规模（不及合肥，但臭氧超标天数超过合肥），说明马鞍山约一半的臭氧污染来源于外来输送。

二、臭氧污染加重的原因分析

（一）与夏季臭氧前体物 NO_2 增多有关

统计数据显示，2010 年以来，安徽及周边省份 NO_x 排放量呈下降趋势，卫星监测数据显示 2013—2016 年，安徽对流层 NO_2 含量下降，但 2017 年对流层 NO_2 显著高于 2016 年，且 2015—2018 年夏季 NO_2 柱含量呈微弱的上升趋势（图 2-15）。NO_x 是臭氧的前体物，从臭氧生成机制看，NO_2 含量增高，有助于臭氧形成。

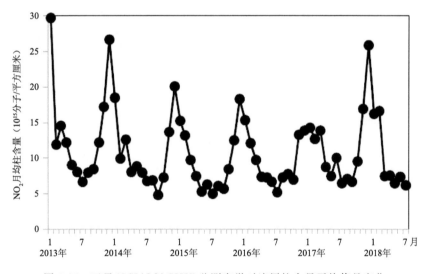

图 2-15　卫星（SCIAMACHY）监测安徽对流层柱含量平均值月变化

（二）与气溶胶污染减轻有关

近 3 年安徽省霾日数总体减少（图 2-16），5—9 月呈逐年下降的趋势，尤其是从 2015 年到 2016 年，下降显著；夏季地面 $PM_{2.5}$ 浓度下降（图 2-17），都能说明气溶胶污染减轻。气溶胶污染减轻，到达近地层的太阳短波辐射增强，有利于近地层臭氧的形成。

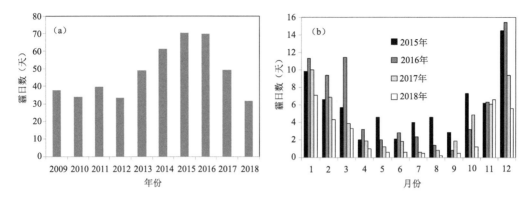

图 2-16　2009—2017 年安徽平均年霾日数(a),2015—2018 年平均霾日数月变化(b)

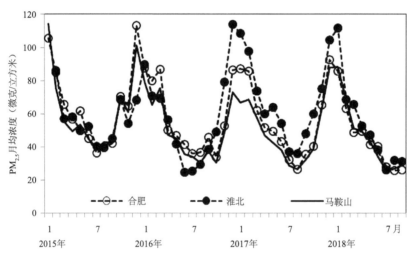

图 2-17　2015—2018 年部分地市月均 PM$_{2.5}$ 浓度

三、小结和建议

(1)最近 3 年,安徽臭氧污染天数北多南少、东多西少,出现臭氧污染最多的 3 个城市是淮北市、马鞍山市和宿州市。

(2)安徽的臭氧污染与不利输送条件有关,主要输送路径包括偏北来向和偏东来向,如淮北和马鞍山的臭氧污染分别有三分之二和一半源于安徽省东部和北边省份的输入。

臭氧污染不仅对人体健康有不利影响,也会对农产品的产量和质量有不利影响。下一步建议应用多源资料和大气化学模式对近地层臭氧时空分布规律和形成机理进行深入研究,开展臭氧来源的定量化分析,并进一步估算臭氧污染造成的人体健康和粮食生产损失,提供更加精准的分析结论。

气候变化对甘肃农业生态影响及对策建议

马鹏里　方锋　赵红岩　李晓霞　刘卫平　韩涛　王兴　林婧婧

（西北区域气候中心　2018 年 9 月 27 日）

摘要： 为全面贯彻落实《甘肃省人民政府办公厅抄告通知》（甘政办秘四抄〔2018〕25 号）精神，本文围绕甘肃省自然生态环境及气候变化特点，分析研究了气候变化对农业生态的影响，并提出了相关对策建议。

甘肃位于我国大陆的地理中心，特殊的地理位置和复杂的地貌形成了干旱、半干旱、半湿润和湿润等多种气候类型，造就了波澜壮阔的自然风光和储量巨大的风光能资源，同时也孕育了品种多样的优质林果、中草药和马铃薯等特色产业。近几十年来全球持续升温，热量环境的改善推进了作物适宜生长区域向北、向高海拔地区扩展，为甘肃省振兴发展特色农业、提升区域品牌农业影响力带来了良好机遇。本文客观分析了甘肃省气候变化的特征与趋势，提出了气候变化对甘肃农业生态影响的对策建议：一是科学开发和利用气候资源，加快甘肃生态文明建设；划定生态红线，建立多元化补偿机制。二是充分利用光、热、水资源，优化调整土地利用和作物品种格局；调整作物种植制度和农业生产管理方式，实现农业可持续发展。三是强化政府在气象防灾减灾中的主导作用，建立健全气象防灾减灾机制；加强气象综合业务体系建设，提高气象灾害防御能力。

一、甘肃省基本气候特征

甘肃省位于青藏高原、黄土高原和内蒙古高原的交汇地带，同时又是我国唯一包含西风带气候区、东部季风区和青藏高原区三大气候区的省份。境内地形复杂，山脉纵横交错，海拔相差悬殊，高山、盆地、平川、沙漠和戈壁等兼而有之。甘肃省气候类型复杂多样，是气候变化敏感区和生态环境脆弱区。

（一）气候温凉、昼夜温差大、热量资源分布差异大

全省年平均气温 8.1℃，比全国低 1.3℃。河西走廊和陇中北部年平均气温 4～10℃，祁连山、走廊北山和甘南高原 0～7℃，陇东南 7～15℃。年平均气温乌鞘岭最低 0.3℃，文县最高 15.1℃；气温年较差最大 34℃，昼夜温差最大 16℃。日平均气温≥0℃和≥10℃的积温分别在 1400～5540℃·日和 380～4739℃·日。大陆性气候特征明显，在山区和高原有明显的垂直层带性分布。

（二）气候干燥、降水少变率大、地域差异显著

全省平均年降水量 398.5 毫米，少于全国平均（632 毫米）。河西走廊西部年降水量 50毫米左右，中东部 100～200 毫米，陇中北部 180～300 毫米，陇中南部 300～590 毫米，陇东

南和甘南高原 400～750 毫米;夏半年(4—9月)集中了年降水量的 80%～90%;年际波动大,如兰州最多年的降水量(546.7毫米)是最少年(168.3毫米)的 3.2 倍;地域差异显著,如康县最多年降水量达 1162.2 毫米(1961年),而敦煌最少年降水量仅 6.4 毫米(1956年)。

(三)光照充足、风能丰富、清洁能源多,开发潜力大

全省平均年日照时数为 2500 小时,高于全国平均(2200 小时)。其中,马鬃山最多(3300小时)。太阳能储量大,尤其是河西走廊和甘南高原太阳能更丰富。全省年太阳总辐射达4700～6350 兆焦耳/平方米,如果利用太阳能丰富区面积 1% 估算,发电量可达 3000 亿千瓦·时,相当于 3 座三峡水电站发电量。全省风能总储量居全国第 3 位,风功率密度大于300 瓦/平方米的技术可开发量 2.37 亿千瓦,可开发面积 6 万平方千米。

(四)光、温、水匹配基本合理

全省热量分布具有温带季风气候共有的特征,雨热同季,冬季较冷,夏季温热。光、温、水匹配基本合理,在作物生长季内有利于农业气候资源的综合开发利用,但农业技术水平和耕作方式落后,资源的有效利用率比较低。因此,要采取有效的农业技术措施和管理手段,提高气候资源的有效利用率。

(五)干旱缺水,极大制约农业生产和生态环境改善

河西地区处在干旱和极干旱地带,属于灌溉农业区,其农业和绿洲生态系统主要依靠发源于祁连山的石羊河、黑河和疏勒河三大内陆河来维持水量。与 20 世纪 90 年代相比,石羊河、黑河和疏勒河径流量分别增加 21.7%、13.0% 和 46.5%。河东地区处在半干旱半湿润地带,属于旱作雨养农业区,年降水量在 300～550 毫米,农业生产"靠天吃饭",产量低而不稳,必须依靠综合有效的农业技术和管理措施发展农业生产。

(六)甘肃省气象灾害种类多

除台风灾害外,我国存在的其他气象灾害在甘肃省均有发生,是全国气象灾害种类最多的省份之一,影响大的气象灾害主要有干旱、暴雨洪涝及引发的山洪等地质灾害、沙尘暴、冰雹和霜冻等,其中干旱灾害居首位。甘肃省气象灾害造成的经济损失占自然灾害的比重达88.5%,高出全国平均状况 17.5%;气象灾害损失相当于甘肃省 GDP 的 3%～5%,21 世纪平均为 3%,是全国的 3 倍。近 10 年来,甘肃省气象灾害造成的经济损失增加明显。

二、21 世纪以来甘肃省气候变化的新特征

甘肃省年平均气温呈上升趋势,升温幅度高于全国平均水平;年平均降水量总体呈减少趋势,区域变化差异大,河西增多,河东减少;中东部地区气候干旱化趋势明显;强降水和高温天气趋多趋强,大风、沙尘、冰雹日数呈减少趋势。

(一)气温变暖幅度高于全球和全国平均水平

甘肃省年平均气温表现为全省一致的上升趋势,平均每 10 年升高 0.29℃,高于同期全球(0.12℃/10 年)和全国(0.23℃/10 年);河西升温高于河东。全省年平均最高和最低气温均呈上升趋势,且平均最高气温上升幅度最大;各季温度增温明显,冬季升温幅度最大。

(二)年平均降水量总体呈减少趋势,但河西增多,河东减少

甘肃省平均年降水量呈弱减少趋势,但存在明显的年代际波动。20世纪70年代中期至80年代降水处于多雨时段,90年代至21世纪初降水明显偏少,2003年开始降水有增多的趋势。区域平均年降水量变化趋势差异明显,近40年,河西平均年降水量呈增多趋势,平均每10年增加3.8毫米;河东平均年降水量呈减少趋势,平均每10年减少4.9毫米。21世纪初以来河东平均年降水量波动上升,年际波动幅度增大。

(三)甘肃中东部地区气候干旱化趋势明显

近60年以来,全省春旱发生频率呈明显增加趋势,春旱和伏旱发生范围呈明显扩大趋势。20世纪90年代以来干旱频率高、持续时间长,春旱和伏旱发生频率最高,干旱面积扩大,危害程度加重。与20世纪60年代相比,21世纪以来干旱半干旱区总面积增加约1.5万平方千米,半湿润区面积增加约1.0万平方千米,湿润区面积减少约2.5万平方千米,甘肃省中东部地区气候干旱化趋势明显。

(四)极端天气气候事件趋多趋强

近60年以来,强降水和高温事件明显增多。与20世纪60年代相比,近10年来全省极端降水事件增加40%,极端高温事件增加86%;区域性暴雨次数呈增加趋势,大暴雨范围和强度明显扩大,与20世纪80年代相比,大暴雨范围增加了20%。短时强降水强度大、危害重,常诱发山洪、滑坡、泥石流等地质灾害,造成的人员死亡接近全国同期因台风死亡人数。

(五)沙尘暴日数减少

近60年来,甘肃沙尘暴日数呈显著减少的趋势。2003年以来春季区域性沙尘暴日数(平均值7.2天)持续偏少,2016年、2017年和2018年春季全省无区域性沙尘暴,为1961年以来最少。

三、2018年气候特点及影响

2018年以来,全省平均气温11.3℃,较历年同期偏高1.1℃;平均降水量为480.0毫米,较历年同期偏多36%,为近60年最多。全省68县(区)已超过年降水总量。河西降水量173.9毫米,较历年同期偏多20%;河东降水量576.1毫米,较历年同期偏多38%,为近60年河东最大降水量。

(一)区域性暴雨多,极端性强

主汛期(6—8月)全省出现5次区域性暴雨过程,45县(区)出现暴雨,为近60年最多。27县(区)日降水量达到极端事件,累积33县(区),为1961年以来最多。鼎新、高台、凉州区、岷县、广河、秦安、临潭7县(区)突破历史极值。

(二)局地短时强降水致灾严重

7月中旬至8月下旬,甘肃省出现分散性局地短时强降水过程21次,区域自动站共监测到暴雨483站次,大暴雨31站次,最大小时雨强55~82.8毫米,最大累积雨量111.8~282.8毫米,是近10年暴雨最多、最强的一年。如7月18日和政、东乡有5个区域站达大暴

雨,和政县梁家寺水库最大降水 166.4 毫米,导致下游东乡县局地暴发山洪。

(三)春季降水偏多,霜冻危害严重

春季甘肃省气温偏高、降水偏多,林果与农作物发育期提前 10～15 天,遭受低温冻害的风险加大。4 月初 66 县(区)出现寒潮过程,影响范围为 2000 年以来最大,降温幅度超过 10℃,导致花期林果业受害严重,杏、桃、梨、核桃、樱桃等受冻严重。

(四)夏季降水日数多,利于粮食增产和生态植被改善

降水日数河西 14～36 天,河东 30～55 天。夏季土壤湿度适宜作物生长,无旱情,气候条件总体对全年粮食生产利大于弊,2018 年夏粮和秋粮生产形势均好于近 5 年。祁连山周边、兰州、白银、临夏、定西和甘南大部地区植被长势为 2000 年以来最好,刘家峡水库面积比历年同期偏多两成以上。降水场次多、湿度大,导致部分地方成熟小麦发芽霉变,马铃薯晚疫病发病期较常年明显偏早、病情发展流行速度快、发生面积大。

四、气候变化对农业和生态的影响

气候变暖使得甘肃农业干旱与病虫害加剧,影响加重,防控难度加大;但气候变暖也为甘肃农业生产变革提供了机遇,包括热量资源丰富使得一些地区作物产量增加明显,种植北界北移西扩有利于提高作物增产潜力。气候变暖使甘肃省植被指数有增加趋势,祁连山植被整体改善,局部退化,祁连山积雪面积呈轻微减少趋势。

(一)气候变暖加剧了甘肃农业生产的不利影响

干旱化加剧,农业干旱灾害影响增大。春旱与伏旱发生范围呈明显扩大趋势。特别是 20 世纪 90 年代以来农业干旱均在中旱以上,且以特旱和中旱居多。全省农业干旱受灾、成灾和绝收率(25.2%、14.1%和 2.2%)均明显高于全国平均(15.0%、8.1%和 1.7%),且均呈增加趋势,增速高于全国平均水平。以河东干旱灾害损失较大、范围较广。

农业病虫害加重,防控难度加大。近 40 年以来,病虫草鼠害、病害、虫害、草害和鼠害的发生面积率分别以 0.31/10 年、0.20/10 年、0.08/10 年、0.06/10 年和－0.03/10 年的速率变化。农区病害、虫害和鼠害的发生面积率主要受温度影响,草害发生面积率主要受降水日数影响。在不防治病虫害条件下,甘肃省小麦、玉米和马铃薯的平均单产可能损失率最大值分别为 34.04%、18.89%和 32.78%。

灾害呈现新的特点,影响农业种植结构。甘肃过去以抗旱为主,现在夏秋风雹、强降水和春季低温冻害等灾害增多。1961 年以来,风雹、暴雨洪涝和低温冷害的灾害综合损失率,增加速率分别为 0.29%/10 年、0.45%/10 年和 0.72%/10 年。这些新的灾害特征使得原先适于干旱少雨、高寒阴湿气候的避灾农业(如苹果、马铃薯、中药材及畜牧业等)面临产业调整。

(二)气候变暖为甘肃农业生产变革提供了机遇

热量资源增加,一些地区作物增产明显。近 40 年,冬小麦单产以陇南增产幅度最大,达

42.73 千克/亩①。春小麦、玉米、马铃薯单产河西增产幅度最大,分别达 47.74 千克/亩、196.24 千克/亩、144.00 千克/亩。

作物种植北界北移西扩,增产潜力剧增。与 1951—1980 年相比,1981—2017 年甘肃省一年两熟制作物可种植北界不同程度地北移,北移最大的地区有陇南、陇东和甘南高原;陇南境内平均北移 240 千米,东北部地区播种面积增加。冬小麦种植北界河西地区平均西扩 500 千米,甘南高原平均西扩 420 千米。河西地区冬小麦种植北界西扩使界限变化区域的小麦平均增产 2.28%,甘南地区则增产 3.69%。冬小麦、玉米、春小麦、马铃薯等一年一熟种植模式转变为冬小麦－夏玉米一年两熟种植模式的变化可使单产大幅增加,陇南地区增产率分别达 153.53%、65.13%、1262.62%、149.69%;陇中地区增产率分别达 84.56%、91.27%、76.42%、83.02%。

(三)气候变化对生态环境影响

甘肃省植被指数有增加趋势。近 20 年来甘肃省平均植被指数呈逐渐增加趋势,特别是近 3 年来植被改善幅度明显增大。河东地区除庆阳北部、兰州中北部、定西北部、白银大部以外,其余地区植被长势良好;河西祁连山周边、张掖中部、武威中部地区植被长势良好。

祁连山植被整体改善,局部退化。自 2000 年以来植被覆盖区域面积整体缓慢增加,植被增加区域面积比例为 26.59%,主要集中在祁连山中西部的高山和亚高山森林草原地区。植被减少区域面积比例为 13.06%,主要集中在海拔高度相对较低的祁连山中北部河谷区。

祁连山积雪面积呈轻微减少趋势。21 世纪以来祁连山区季节性积雪总面积呈轻微减少趋势,东、中段减少幅度稍大,西段有微弱减少。积雪总面积最大值出现在 2008 年,为 15218.6 平方千米,2013 年最小为 8283.8 平方千米。2018 年 1—9 月祁连山甘肃境内积雪的平均总面积为 6958.4 平方千米。

五、对策建议

未来 50 年甘肃省气候变暖的趋势可能持续,降水量增多且分布不均,极端天气气候事件将更加频繁,气象灾害对甘肃省农业和生态的影响和风险进一步加大。

(一)以生态文明建设为重点,积极应对气候变化

科学开发和利用气候资源,加快甘肃生态文明建设。甘肃通过启动一批有利于恢复和保护生态环境的重大工程项目,加快国家生态安全屏障综合试验区建设,实现可持续发展,促进人与自然和谐、经济社会与资源环境协调发展。

划定生态红线,建立多元化补偿机制。在生态承载力评估基础上,确定区域内水源涵养、生物多样性维护、水土保持、防风固沙等生态功能重要区域,划定生态保护红线,制定生态红线管控级别,明确各级管制要求和措施。通过财政补贴、项目实施、技术补偿、税费改革、人才技术投入等方式,完善生态绩效考核,建立一套可量化生态绩效考核指标体系,作为实行生态补偿的评价依据。

①　1 亩＝1/15 公顷,全书同。

(二)以深挖气候潜力为推手,助力甘肃省乡村振兴

充分利用光、热、水资源,优化调整土地利用和作物品种格局。根据甘肃省各作物的生物学特征及与气象条件的关系进行主要作物的综合区划,充分开发利用光热水资源,合理安排和调整作物种植面积和布局,实现土地资源优化配置。

调整作物种植制度和农区生产管理方式,实现农业可持续发展。根据甘肃农业现实和地形梯度的土地利用分布特征,结合气候变化对甘肃农业影响及气候资源的新特点,制定甘肃省不同区域农业土地利用及优化种植结构调整方案,发展具有气候特色的戈壁农业、设施农业、特色农业、旅游农业,打造马铃薯、制种玉米、特色瓜果、花卉、中药材等农产品优势品牌。

(三)以风险管理的理念做好甘肃省气象防灾减灾工作

强化政府在气象防灾减灾中的主导作用,建立健全气象防灾减灾机制。增强应对极端气候事件的能力,化解经济社会发展和人民生产生活的气候风险。紧扣"测、报、防、抗、救、援"六大环节,构建甘肃气象防灾减灾体系,建立健全"政府主导,部门联动,社会参与"的气象防灾减灾机制,形成政府推动,企业、社团及公众积极参与,媒体和社会监督的公众参与有效机制。

加强气象综合业务体系建设,提高气象防灾减灾能力。优化综合气象观测业务,健全集约化气象预报业务,加强气象灾害预警信息发布及传播,着力构建以信息化为基础的无缝隙、精准化、智慧型的现代气象监测预报预警体系。加强气候变化定位监测和综合影响评估,强化全球气候变暖背景下甘肃极端天气气候事件变化规律的研究,增强应对气候变化与保障生态安全气象服务能力。重点关注易发、频发、突发性气象灾害,健全风险管理业务体系,加强基层气象风险预警服务标准化建设,全面提升灾前预防、综合减灾和减轻灾害风险能力。

2017 年 9 月至 2018 年 3 月，
河北减排效果评估和污染物来源解析

孟凯　杨雨灵　马志淳　马翠平　郭卫红

（河北省环境气象中心　2018 年 9 月 19 日）

摘要：2017 年 9 月至 2018 年 3 月（以下简称"秋冬季"），河北省大气污染防治持续发力，强化了清洁取暖、工业企业生产调控、机动车限行、联防联控等攻坚措施，大气污染防治取得显著效果。2017 年秋冬季，全省达标天数 126 天，同比增加 20 天，重污染天数 16 天，同比减少 24 天；重污染过程 5 次，同比减少 3 次；全省平均 $PM_{2.5}$ 浓度同比下降 28%。秋冬季冷空气活动较为频繁，9—12 月气象扩散条件比较有利，全省平均气象条件对大气污染清洁效率达到 29%，秋冬季控煤措施对 $PM_{2.5}$ 浓度下降贡献最高为 3 成。为科学评估河北省大气污染防治的显著成效，本文针对气象条件对大气污染清洁效率、控煤减排效果和颗粒物来源进行了初步分析。

一、秋冬季气象扩散条件同比略有利，9—12 月较有利

秋冬季，全省平均混合层顶高度 1244 米，同比偏高 14.8%，比近年同期（2013—2017 年同期，下同）偏高 5%，垂直气象扩散条件比较有利；全省平均风速 2.0 米/秒，同比偏大 6.8%，比近年同期偏大 3.7%，小风日数略有减少，全省平均静稳天气指数为 10.92，同比偏低 3.4%，与近年同期基本持平，气象扩散条件较 2017 年同期略有利，较历史同期没有明显变化。但 9—12 月影响河北省的冷空气活动频繁，风力加大，湿度偏小，全省平均静稳天气指数为 10.52，同比偏低 5.9%，9—12 月气象扩散条件较 2017 年同期较有利。

二、9—12 月气象条件对大气污染清洁效率达 29%

2017 年 9—12 月为 2013 年以来气象扩散条件最有利的一年，图 2-18 为模拟评估的 9—12 月气象条件对 $PM_{2.5}$ 浓度下降贡献的区域分布，总体上 9—12 月气象条件同比有利于 $PM_{2.5}$ 浓度下降，但区域间气象条件贡献差异显著；承德东南部、唐山、秦皇岛气象条件同比不利于 $PM_{2.5}$ 浓度下降，廊坊、保定、沧州和石家庄中北部的气象条件同比略有利，其他地区气象条件同比有利于 $PM_{2.5}$ 浓度下降（图 2-18）。

2017 年 9—12 月气象条件和人为减排共同贡献使得全省平均 $PM_{2.5}$ 浓度同比下降 31%，其中，全省平均"气象条件贡献率"为 29%，平均"人为减排贡献率"为 71%（我们把气象条件使 $PM_{2.5}$ 浓度下降量与实际 $PM_{2.5}$ 浓度下降量比值定义为"气象条件贡献率"，把"大

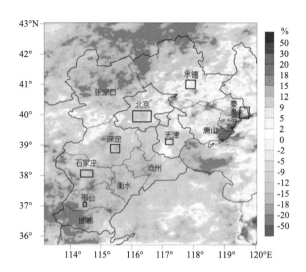

图 2-18　2017 年 9—12 月气象条件对 $PM_{2.5}$ 浓度下降贡献分布图

气污染防治减排措施对大气污染的清洁效率"简称为"人为减排贡献率")。除承德东部、唐山、秦皇岛气象条件贡献不利于污染物浓度下降外,其他地区气象条件对大气污染清洁效率明显,邯郸、张家口、邢台、衡水气象条件贡献率达 50% 以上(表 2-1)。

表 2-1　2017 年 9—12 月气象条件和人为减排贡献分析

城区	$PM_{2.5}$ 浓度同比变化率(%)	气象条件贡献率(%)	人为减排贡献率(%)
秦皇岛市	−30.10	−39.20	139.20
唐山市	−34.20	−16.10	116.10
承德市	−21.00	−14.30	114.30
廊坊市	−37.90	19.50	80.50
石家庄市	−50.20	23.70	76.30
保定市	−40.10	28.40	71.60
沧州市	−27.40	33.20	66.80
衡水市	−25.30	57.70	42.30
邢台市	−30.30	57.80	42.20
张家口市	−25.60	64.10	35.90
邯郸市	−19.50	105.10	−5.10
平均	−31.05	29.08	70.92

三、控煤减排措施对 $PM_{2.5}$ 浓度下降贡献最高为 3 成

2017 年秋冬季是大气污染防治以来全省范围控煤力度最大的一年,SO_2 和 NO_2 比值(以下用 SO_2/NO_2 表示)同比变化率可表征大气污染治理中控煤措施对 $PM_{2.5}$ 浓度下降的贡献率,可有效分析各地控煤力度,SO_2/NO_2 同比下降幅度大的地区,即控煤削减力度大。

分析表明,各地市秋冬季 SO_2/NO_2 同比下降率与 $PM_{2.5}$ 浓度同比下降率之间总体呈正相关（图 2-19），即 SO_2/NO_2 同比下降率越大，$PM_{2.5}$ 浓度下降越大。

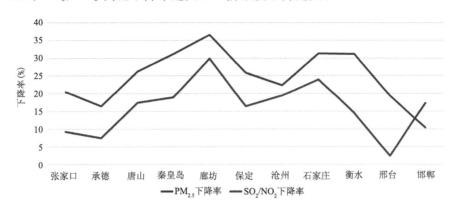

图 2-19　秋冬季 SO_2/NO_2 和 $PM_{2.5}$ 同比下降率对比分析

　　通过秋冬季控煤对 $PM_{2.5}$ 浓度下降贡献率分析（图 2-20），控煤对全省 $PM_{2.5}$ 浓度下降贡献率平均为 15％，对市辖区平均贡献率为 23％，市辖区控煤力度普遍大于周边县区；石家庄、邯郸市辖区控煤对 $PM_{2.5}$ 浓度下降贡献最高，达 30％以上，其他市辖区控煤贡献从大到小依次为衡水、沧州、唐山、廊坊、邢台、张家口、保定、秦皇岛、承德。廊坊、石家庄区域控煤对 $PM_{2.5}$ 浓度下降的贡献最大，分别为 29％、24％，其他地区控煤贡献从大到小依次为沧州、唐山、邯郸、秦皇岛、保定、衡水、承德、邢台、张家口。

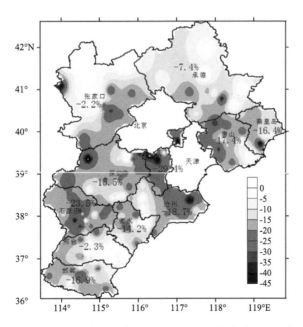

图 2-20　秋冬季控煤对 $PM_{2.5}$ 浓度下降贡献率分布图（％）

四、全省大部分地区污染以本地排放为主,三城市本地排放和周边输送贡献相当

利用 CAMx-PSAT 模拟技术,追踪各城市的颗粒物迁移,解析本地源和周边源对 PM$_{2.5}$ 浓度的贡献。模拟分析了秋冬季各地 PM$_{2.5}$ 来源和输送贡献情况(表 2-2),唐山本地排放贡献高达 83.5%,周边输送以天津为主,石家庄、保定、邯郸、邢台等沿太行山东麓地区,受相同的地形影响,均以本地排放为主,占比在 70% 以上,周边输送仅占 15%～30%;衡水、沧州本地排放和外来输送占比相当,两市本地排放贡献分别为 53.3%、55.2%,而周边城市输送贡献较大,即使本地减少排放,外来输送也会导致本地污染较严重;廊坊颗粒污染物本地排放略高于周边输送。

从污染物输送路径来看,除唐山有来自天津的输送外,张家口、承德、廊坊、沧州地区污染物周边输送贡献以偏东路径影响为主,其他地区污染物周边输送贡献以偏南路径为主。

表 2-2　河北省秋冬季颗粒污染物本地排放和周边输送分析

(单位:%;粗黑数字为本地排放贡献率)

受体城市 传输来源	邯郸	石家庄	邢台	保定	衡水	沧州	唐山	廊坊	秦皇岛	承德	张家口
邯郸	**71.6**	2.7	11.1	1.8	3.8	1.5	0.4	1.9	1.1	1.3	0.5
石家庄	4.4	**75.8**	6.7	5.3	4.7	1.9	0.5	1.7	1.6	2.5	1.2
邢台	13.0	4.9	**71.3**	2.6	8.5	1.9	0.4	1.3	1.1	1.4	0.4
保定	1.7	6.5	2.3	**71.8**	4.0	1.9	0.6	4.0	1.4	2.8	1.1
衡水	1.1	1.1	1.1	1.4	**53.3**	3.6	0.4	1.3	1.0	0.9	0.1
沧州	0.8	1.0	0.8	1.6	5.7	**55.2**	0.9	2.1	1.7	1.2	0.2
唐山	1.0	1.5	1.1	2.7	2.5	4.1	**83.5**	5.9	25.8	5.6	1.0
廊坊	0.8	1.2	0.6	3.6	3.1	5.1	1.5	**62.4**	1.6	2.9	0.6
秦皇岛	0.1	0.2	0.1	0.3	0.3	0.5	2.2	0.6	**45.2**	0.6	0.1
承德	0.1	0.2	0.1	0.3	0.3	0.4	0.7	0.6	0.6	**65.6**	0.2
张家口	0.3	0.3	0.3	0.8	0.8	1.0	0.3	0.9	0.8	2.1	**88.5**
北京	0.6	1.1	0.7	3.2	1.6	1.8	0.8	8.0	1.4	4.8	2.4
天津	0.9	1.4	1.0	2.3	3.3	9.7	5.2	7.8	4.8	3.7	0.7
PM$_{2.5}$平均浓度 (微克/立方米)	97.6	92.2	92.1	82.3	79.9	72.8	68.9	56.9	44.7	38.7	30.3

五、建议

(1)气象条件对大气污染清洁效率存在显著差异,导致在不同地区、不同季节、不同天气气象条件下,污染物来源贡献差异较大,有效利用气象条件合理安排错峰生产,可大大降低大气污染治理成本,提高减排效率。建议深入开展不同气象条件下对污染物来源的解析和

减排效果模拟评估技术研究,为"精准治霾、科学治污",避免"一刀切"式盲目减排,建立针对性和差异化的重污染联防联控对策提供客观依据。

(2)控煤措施对$PM_{2.5}$浓度下降贡献效果明显,但区县控煤力度明显低于市辖区,可适当加大对区县控煤的管控力度。

2018年秋季天气气候条件对江西生态环境影响不利

王怀清　占明锦　邓力琛

（江西省生态气象中心　2018年9月25日）

摘要：预计秋季江西省风力偏小，降水偏少0～2成，气温偏高1～2℃，影响江西省的台风接近常年同期为1～2个。经气象、环保、水利、农业、林业等部门联合会商认为，秋季大气污染扩散条件差，9月19—20日可能出现一次大气污染天气过程，10月底至11月初，北部出现重污染天气过程可能性大。伏秋连旱发生概率大，受旱地区将从目前的丘陵地区逐步向沿江沿湖地区扩展。森林防火形势较为严峻。全省生态质量气象评价指数将下降2％～3％。

一、前期气候及大气环境条件回顾

2018年夏季(6—8月)，全省平均气温大部分偏高，降水北少南多，日照时数偏多。主要天气气候事件有：入夏较常年偏早；暴雨日数分布不均，北少南多；高温日数多，7月中旬至8月下旬前期全省出现持续高温天气；降水时空分布不均，出现阶段性的气象干旱，其中西部和北部出现严重旱情。

期间，全省$PM_{2.5}$、PM_{10}等主要空气污染物浓度均低于国家标准；仅6月份臭氧浓度为169微克/立方米，超国家标准9微克/立方米。

二、秋季气候趋势预测

2018年9月赤道中东太平洋将进入厄尔尼诺状态，并可能在冬季形成一次厄尔尼诺事件。受其影响，预计秋季(9—11月，下同)江西省主要气候趋势如下：

风力偏小。预计西太平洋副热带高压偏强，欧亚中高纬大气环流总体较为平直，东亚大槽偏弱，冬季风整体偏弱，不利于冷空气扩散南下。

降水偏少。预计西太平洋副热带高压西伸脊点偏西，脊线总体接近常年至略偏南，不利于秋季南方大范围降水偏多。江西省降水较常年偏少0～2成，其中，赣北、赣中偏少0～2成，赣南偏多0～2成。

气温偏高。预计秋季欧亚中高纬大气总体以纬向型环流为主，东亚大槽偏弱，不利于我国中东部出现大范围偏冷。江西省气温较常年同期偏高1～2℃。

影响江西省的台风接近常年同期(1～2个)。预计秋季有10～11个台风生成，接近常年同期(11个)，其中有2～3个登陆，接近常年同期(2.4个)，影响江西省的台风接近常年同期(1～2个)。

三、秋季生态气象条件预测

在风力偏小、降水偏少、气温偏高的气象条件下,经气象、环保、水利、农业、林业等部门联合会商认为,2018年秋冬季生态气象条件可能表现出如下特征:

(一)大气扩散条件差

预计9月,影响江西省的冷空气偏弱,主要有3次冷空气过程(图2-21),分别发生在7—8日(偏强)、12—13日(偏弱)和20—21日(偏弱),全省风力较常年偏小,大气扩散、输送能力弱;9月全省降水偏少(0~2成),大气污染物雨洗作用差。综合稀释条件和雨洗作用,预计9月大气扩散条件较近10年同期偏差,并可能在19—20日出现1次大气污染天气过程。

预计10—11月,欧亚中高纬大气环流仍较为平直,全省降水偏少0~2成,大气污染扩散条件与近10年平均持平,较2017年同期偏差,10月底至11月初,北部出现重污染天气过程的可能性大。

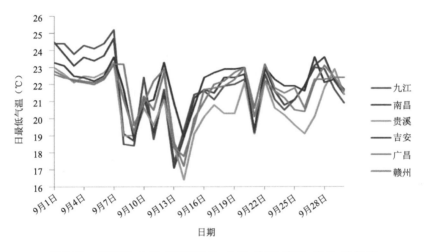

图2-21　DERF2.0模式预测南昌、九江、贵溪、吉安、广昌、赣州站
2018年9月逐日最低气温变化

(二)森林火险等级高

预计2018年秋季,江西省降水偏少,气温偏高,影响江西省的台风接近常年同期(1~2个)。由于气温高降雨少,天干物燥,全省高森林火险气象等级日数多,加上前期干旱导致林间残枝枯木积累多,森林防火形势较为严峻。

(三)伏秋连旱风险大

伏秋连旱发生概率大,加之前期降水偏少,水库蓄水不足,抗旱形势较为严峻。干旱将逐步蔓延和扩展,受旱地区将从目前的丘陵地区逐步向沿江沿湖地区扩展。

(四)生态质量气象评价指数有所下降

基于秋季主要气象要素预测,采用生态功能价值评估模型预估,2018年秋季鄱阳湖全流域蓄水量将比历史同期偏少约75.1亿立方米,鄱阳湖主体及附近水域面积平均约为1850

平方千米,比历史同期(2400平方千米)偏小23％,蒸(散)发增加6％~12％,水源涵养价值降低6％~32％。鄱阳湖湿地对污染物降解功能下降约10％,调节气候功能下降约5％,总服务价值下降约8％,部分水域出现蓝藻暴发等水污染事件可能性大。全省生态质量气象评价指数将下降2％~3％。

四、关注与建议

(1)加强大气污染防控。2018年秋季江西省大气扩散条件总体较差,需加强企业污染排放、秸秆焚烧、施工扬尘等的管理,重污染天气时需采取停产限产、机动车限行等强制措施,减少本地大气污染源。

(2)做好森林防火和抗旱工作。2018年秋季高森林火险气象等级日数多,应严格控制野外用火,做好森林火灾扑救准备工作。目前全省农田受旱面积已达324万亩,12.34万人饮水困难,预计旱情将进一步发展蔓延,各地需加大抗旱力度,科学调度水资源,保障粮食生产和居民用水。

(3)加大生态型人工影响天气作业力度。各地需抓住有利时机,适时开展人工增雨作业,增强大气自净能力,改善空气质量,增强森林、湿地等主要生态系统水涵养。

2018 年浙江省 5—9 月气候趋势
和气象灾害预测分析

雷媛　柳苗　高大伟

（浙江省气候中心　2018 年 4 月 16 日）

　　摘要：2017 年浙江省总降水量接近常年，气温异常偏高，台风、暴雨洪涝灾害偏轻；2017 年 12 月以来浙江省降水偏少、气温偏高。经分析预计，2018 年浙江省气候年景偏差，气象灾害偏重，防台防汛形势严峻。台风影响将重于 2017 年，将有 3～5 个台风影响浙江省，其中可能有 1～2 个登陆浙江省或严重影响；梅汛期强降雨维持时间和覆盖范围均大于 2017 年；局地强对流灾害和强降雨引发的山洪地质灾害气象风险较高。

一、前期气候概况

　　(1)2017 年气象灾害总体偏轻。全省平均年降雨总量 1449 毫米，与常年基本持平；除梅汛期兰江遭遇 1955 年以来第二大洪水外，浙江省暴雨洪涝影响总体较轻。年内遭遇双台风"纳沙""海棠"以及"泰利"等 3 个台风外围影响，和往年相比，台风灾害偏轻。全省年平均气温 18.2℃，偏高 1.1℃，为 1951 年以来第二高；高温日数（日最高气温≥35℃）全省平均 40 天，比常年偏多 18 天，位居 1951 年以来第 3 位，极端最高气温全省大部 40℃以上，桐庐 42.2℃（7 月 24 日）为全省最高。

　　(2)去冬今春降水偏少，温度偏高，但阶段性低温特征明显。去冬今春（2017 年 12 月 1 日以来）总降水量全省平均 347 毫米，较常年偏少 18%（常年 423 毫米），特别是 2018 年 3 月以来全省平均 164 毫米，偏少 25%（常年 219 毫米）（图 2-22）；全省平均气温 9.3℃，较常年偏高 0.8℃，其中，1 月下旬至 2 月上旬浙江省平均气温 3.1℃，较常年同期偏低 2.5℃，为 2008 年来最低。

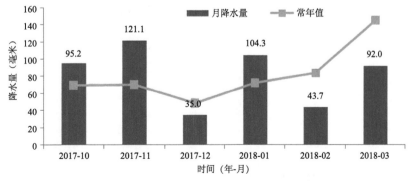

图 2-22　2017 年 10 月至 2018 年 3 月全省平均月降水量

在此期间,浙江省遭遇了阶段性低温雨雪冰冻、短时强对流和冷空气大风等灾害性天气。其中影响较严重的有:1月下旬至2月上旬的少见低温雨雪冰冻天气,造成浙北地区灾害影响强度为严重和较重等级,冰冻持续时间为1993年以来同期最多;3月4日傍晚到夜里,全省出现大范围8~10级、局地11~13级的雷雨大风,并伴有短时强降雨、局地强雷电和冰雹等剧烈天气。

二、2018年5—9月气候趋势预测和气象灾害展望

(一)受拉尼娜事件影响,浙江省气象灾害总体风险偏高

2017年10月以来,赤道中东太平洋海域平均海表温度持续偏低,已经达到了拉尼娜事件标准,预计将于近期恢复正常,拉尼娜事件结束。1951年以来,全球共遭受了15次拉尼娜事件,在以往14个结束年中,浙江省天气气候事件的极端性和复杂性明显,综合气象灾害偏重年份占86%,台风灾害偏重占79%。而且,在拉尼娜事件结束年,海温的后续演变也是影响汛期气候的关键因素,这就更增加了浙江省2018年汛期气候趋势的不确定性和复杂性。

(二)总体趋势展望

预计,2018年浙江省极端天气气候事件较频繁,气象年景较差,气象灾害偏重,台风和暴雨洪涝灾害将重于2017年。其中,影响浙江省的台风个数偏多,可能有1~2个登陆浙江省或严重影响;暴雨过程和暴雨日数均多于常年,强度偏强,梅汛期强降雨维持时间和覆盖范围均大于2017年;盛夏有阶段性高温热浪,气象干旱程度中等;强对流和局地强降雨天气较频繁,暴雨和短时强降雨引发的山洪、地质灾害气象风险较高(图2-23)。

图2-23 2018年汛期浙江主要气象灾害关注区分布图

(三)梅汛期(5—7月)

预计2018年5—7月总降水量全省平均600毫米左右(常年全省平均550毫米),其中,浙北和浙西地区较常年略偏多或偏多,其他地区接近常年或略偏少。

预计2018年梅期正常,入梅时间正常略晚,在6月中旬(常年6月10日),出梅时间正常或略迟,在7月中旬前期(常年7月10日)。梅雨量300~400毫米(常年平均301毫米),梅汛期强降雨维持时间和覆盖范围均可能大于2017年,集中降水主要发生在6月中旬后期至7月上半月,出现暴雨洪涝和内涝的可能性较大。

(四)台汛期(7—9月)

近年来,西北太平洋及南海海域每年的台风生成数由偏少阶段开始增多,登陆我国台风数也由偏少转为偏多阶段。预计2018年登陆我国的台风数将多于常年,将有3~5个台风影响浙江省,较常年偏多,其中可能有1~2个台风登陆或严重影响全省,台风影响重于2017年,需要高度关注。

(五)高温干旱期(7—8月)

预计2018年盛夏全省气温较常年略偏高,高温日数接近常年略偏多,但较2017年明显偏少;气象干旱程度接近常年,出现极端高温干旱的可能小,但仍需关注区域性高温干旱。

三、有关建议

(1)重点防御台风灾害。预计2018年登陆我国和影响浙江省的台风均偏多,其中有1~2个台风登陆或严重影响全省,台风灾害将重于2017年,同时,近3年未出现大范围严重影响或登陆浙江省的台风,这也进一步加大了台风正面袭击全省的风险,需重点关注台风带来的暴雨洪涝、强风和风暴潮。

(2)注意防范阶段性暴雨洪涝和局地强对流。近年来浙江省虽然没有出现大范围严重洪涝,但已经连续4年梅汛期总雨量多于常年平均,多雨阶段的特征比较明显。预计2018年暴雨天气偏多,梅汛期强降雨维持时间和覆盖范围均大于2017年,需高度警惕暴雨和集中强降水引发的洪涝、山洪、地质灾害和城市内涝。同时,短时暴雨、雷雨大风、冰雹、雷电等强对流天气具有局地性、突发性的特点,其致灾性强、预警时效短、防御难度大,也需高度警惕。

(3)高度重视拉尼娜事件对浙江省气候的影响。受拉尼娜事件影响,天气气候的复杂性、极端性和不确定性更加凸显,请密切关注极端天气气候事件可能引发的水文、地质、环境、农业等次生灾害。

由于海温和大气环流的后续演变存在一定的不确定性,我们将密切跟踪分析海洋、陆面等重要影响因素和大气环流变化,滚动订正预报预测意见,不断更新发布监测预警信息。

5月下旬以来云南降水偏多37%，
未来一周云南省将出现3次较强降雨过程，
滇西边缘、滇南边缘及滇中北部地质灾害气象风险高

赵宁坤　梁红丽　李华宏

（云南省气象台　2018年6月8日）

摘要：5月下旬以来云南省降水偏多37%，滇中及以西以南地区出现持续强降雨，多地出现短时强降水并导致局部发生洪涝灾害。预计未来一周云南省大部地区将出现持续较强降雨过程，怒江、德宏西部、保山西部、临沧西部、普洱北部、红河南部、昆明北部、曲靖东北部地区地质灾害气象风险高，需关注持续降雨和局地强降雨引发的山洪地质灾害；南博会期间需防范强对流天气的不利影响。

一、5月下旬以来云南省出现3次强降水过程，降水偏多，局地出现洪涝灾害

5月下旬以来（5月21日至6月8日）云南省平均降雨量为115.6毫米，较历史同期偏多31.2毫米（偏多37%）。5月26—27日、5月29—31日、6月1日夜间至4日云南省共出现3次强降水过程。其中，曲靖、昆明南部、楚雄南部、玉溪西部、红河南部、文山、保山、德宏、临沧、普洱、西双版纳等地多次出现强降雨。据统计，全省累积雨量普遍在100～250毫米，局地300～498毫米（图2-24），共计出现大暴雨51站次，强降水共造成8个州（市）的18个县（市）发生暴雨洪涝灾害。

二、预计未来一周云南省将出现3次较强降雨过程，怒江、德宏西部、保山西部、临沧西部、普洱北部、红河南部、昆明北部、曲靖东北部地区地质灾害气象风险高

预计未来一周，受孟加拉湾低压和切变线影响，云南省将出现3次较强降雨过程。6月9—10日，滇西北东部、滇中北部、滇南阴有中到大雨局部暴雨，累计雨量50～70毫米（图2-25左）；11—12日，滇西北西部、滇西阴有中到大雨局部暴雨，累计雨量50～80毫米，保山西部、德宏西部100～120毫米（图2-25中）；13—15日，滇西边缘、滇中及以东有中到大雨局部暴雨，累计雨量50～80毫米，怒江北部100～120毫米（图2-25右）。

南博会开幕式期间昆明城区天气预报：

6月13日：阴有小到中雨，16～23℃；

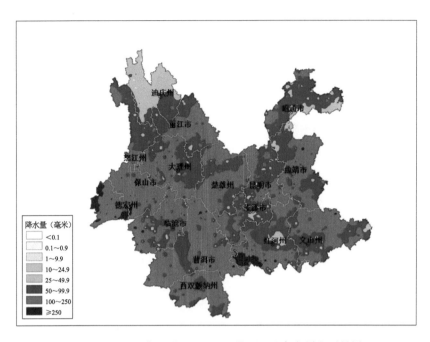

图 2-24 2018 年 5 月 21 日至 6 月 8 日云南省累积雨量图

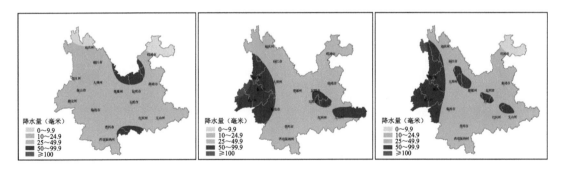

图 2-25 2018 年 6 月 9—10 日(左)、11—12 日(中)、13—15 日(右)云南省累积降水量预报图

6 月 14 日:阴有中雨,16~24℃;

6 月 15 日:多云间阴有小雨,17~25℃。

南博会分会场玉溪澄江抚仙湖天气预报:

6 月 13 日:阴有小到中雨,17~23℃;

6 月 14 日:阴有中雨,16~23℃;

6 月 15 日:多云间阴有小雨,17~24℃。

地质灾害气象风险预报:预计未来一周,德宏、保山、怒江、大理西部、丽江、临沧、普洱北部、红河、文山西南部、玉溪西部、楚雄北部、昆明北部、昭通中部以西、曲靖北部地质灾害气象风险等级为Ⅲ级(风险较高),其中怒江、德宏西部、保山西部、临沧西部、普洱北部、红河南部、昆明北部、曲靖东北部地区地质灾害气象风险等级为Ⅱ级(风险高)。

山洪灾害气象预报：预计未来一周，德宏、保山、怒江、大理西部、丽江东部、临沧西部、红河南部、文山、楚雄北部、昆明北部、昭通西南部山洪灾害气象等级为Ⅲ级（可能性较大），其中德宏西部、保山西北部、怒江北部山洪灾害气象等级为Ⅱ级（可能性大）。

三、重点关注建议

一是需严密防范山洪和地质灾害。由于未来一周降雨持续时间长、影响范围广、累积雨量大，建议各地加强城镇内涝、山洪、泥石流、滑坡等灾害的防御工作。尤其是滇西边缘、滇南边缘及滇中北部地区地质灾害气象风险等级持续偏高，需特别注意防范。

二是南博会开幕期间需防范强对流天气的不利影响。过程期间，滇中及以西以南地区将伴有强对流天气，由于正值南博会召开，建议相关部门及地区提早部署，重点防范雷暴大风、冰雹、短时强降雨等强对流天气的不利影响。

省气象局将密切监视天气变化，及时发布气象预报预警信息，未来一段时间将重点做好南博会气象保障服务。

南疆高温持续上升，0℃层高度抬升快，
谨防南疆融雪型洪水和冰川溃坝洪水的危害

窦新英　王勇　沙依然　邢文渊　冯志敏

张云惠　石玉　程红霞　王进

（新疆维吾尔自治区气象局　2018年7月19日）

摘要：喀什地区叶城县克勒青河上游克亚吉尔冰川湖（77°10′44″E，35°40′33″N）出现大面积水体，研判得出南疆高温会持续攀升，0℃层高度将抬升到高山冰雪快速融化的阈值标准，发生融雪型洪水和冰川溃坝洪水的风险较高，需加强监测和防范。

一、叶尔羌河上游克亚吉尔冰川湖出现大面积水体

通过卫星遥感持续监测分析：喀什地区叶城县克勒青河上游克亚吉尔冰川湖（77°10′44″E，35°40′33″N）出现大面积水体（图2-26和图2-27）。

图2-26　2018年7月15日卫星遥感监测叶尔羌河上游冰川分布影像图

（黄圈处为克亚吉尔冰湖区）

图 2-27　2018 年 7 月 15 日 GF-1 的 16 米分辨率克亚吉尔冰川湖影像图

二、南疆高温持续，0℃层高度抬升较高

受伊朗副热带高压影响，预计 7 月 20—26 日，南疆塔里木盆地大部有 37℃以上的高温天气，部分区域可达 40℃以上。随着气温的持续上升，喀什地区南部至和田地区一线的昆仑山北坡 0℃层高度可升至 5500～6000 米，西天山南侧至帕米尔高原的 0℃层高度可升至 5100～5300 米，会加速高山冰雪融化。

三、关注与建议

目前，南疆塔里木盆地高温天气已持续近 10 天，未来 7 天气温持续上升，零度层高度抬升较快，南疆发生融雪型洪水和冰川溃坝洪水的风险较高，需加强监测和防范。

第三篇

生态和农业决策气象服务

北京地区 2017 年生态气象遥感监测报告

刘勇洪　栾庆祖　王慧芳　高燕虎　张硕　杜吴鹏

（北京市气候中心　2018 年 4 月 27 日）

摘要:2017 年北京"绿色"程度提高,植被覆盖率达 58.8%,森林叶面积指数为 4.98,均创近 11 年(2007—2017 年)新高;重要水源地降水增加,密云水库、官厅水库水体面积分别达 2000 年和 2003 年以来最大值。2017 年北京城市高温日数显著增多,热岛突出,城六区热岛面积比例达 80%;2017 年土壤侵蚀程度高于 2013—2016 年,但低于近 10 年(2007—2016 年)平均值;2017 年全市和生态涵养区生态质量处于较好水平,其中延庆、怀柔和密云达到或接近生态质量"良好"等级。在"绿色"城市发展理念下,持续植树造林、城市绿化、水土保持等措施对北京生态改善卓有成效,有利的气候条件提高了生态环境的质量,但也要看到高温、城市热岛和局地暴雨给生态质量带来的风险。

一、北京"绿色"程度提高,植被覆盖和森林叶面积指数创近 11 年新高

2017 年北京地区平均植被覆盖率为 58.8%(图 3-1 左),为近 11 年(2007—2017 年)最大值。其中北京市各区植被覆盖率排前三名的分别是怀柔(74.3%)、门头沟(74.1%)和延庆(71.2%),生态涵养区(主要包括延庆、怀柔、密云、门头沟、房山、平谷和昌平的山区)平均为 69.0%,朝阳和丰台在 25% 以下,城区仅为 8.5%。

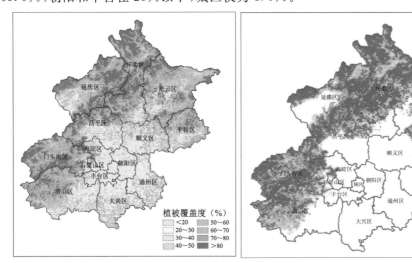

图 3-1　北京 2017 年 EOS-MODIS 卫星监测植被覆盖度(左)及森林地区叶面积指数(右)分布图

2017 年北京森林地区平均降水量为 571 毫米,比常年(1981—2010 年平均,下同)偏多 8%,总日照时数为 2623 小时,比常年略偏多,空气相对湿度为 55%,比常年偏高 1%,这对森林生态环境改善较为有利。2017 年大部分森林地区叶面积指数在 4.0 以上(图 3-1 右),平均为 4.98,为近 11 年(2007—2017 年)最高值,其中怀柔中部和北部及延庆西部部分地区达到 6.0 以上。

二、高温日数显著增加,热岛突出,城六区热岛面积比例高

2017 年北京地区年平均气温为 12.6℃,与 2014 年并列历史最高,北京观象台(北京气象观测代表站)高温日数(日最高气温≥35℃)为 22 天,较常年(8.3 天)显著偏多,排历史第三,城市热岛明显。

2017 年,北京城六区热岛面积为 1115 平方千米,占城六区总面积的 80%(图 3-2),略高于 2016 年。北京副中心通州区热岛面积为 228 平方千米,占通州总面积的 25%。2017 年北京市较强以上热岛面积为 1614 平方千米,略小于 2016 年(1642 平方千米)。

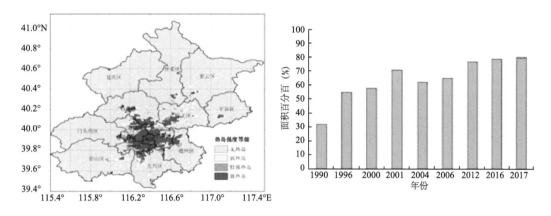

图 3-2 北京 2017 年 FY-3B 卫星监测热岛强度分布图(左)及
1990—2017 年城六区热岛面积百分比变化图(右)

三、土壤侵蚀整体呈下降趋势,中度以上侵蚀明显减少

2017 年北京夏季共出现 5 次强降雨天气过程,"6·22"暴雨和"7·6"暴雨部分测站日降水量超过了历史同期极值,造成明显土壤水蚀现象,水蚀主要发生在延庆、房山、门头沟和怀柔等山区(图 3-3 左),部分地区出现重度侵蚀,其他山区以轻度侵蚀为主。

2017 年北京大部平原地区日最大风速≥8 米/秒(产生风蚀的最小风速)大风日数在 10 天以上,造成部分土壤风蚀现象,主要为轻度侵蚀(图 3-3 右),分布在东部及南部平原区,部分地区发生中度侵蚀,没有重度风蚀发生。

2007—2017 年北京土壤侵蚀指数整体呈逐年下降趋势。2017 年土壤侵蚀指数高于 2013—2016 年,达到 0.031,但低于近 10 年(2007—2016 年)平均值 0.039。

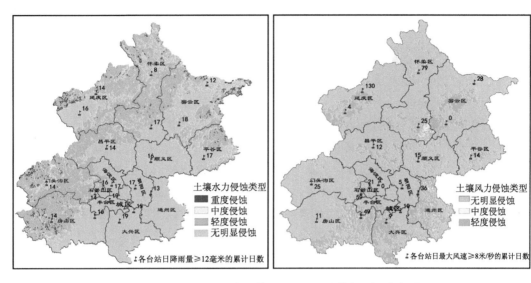

图 3-3　北京 2017 年水蚀等级（左）和风蚀等级（右）分布图

四、重要水源地降水增多，密云水库和官厅水库水体面积分别为 2000 年和 2003 年以来最大值

2017 年北京重要水源地区密云和延庆降水量分别为 725.0 毫米和 546.5 毫米，分别较常年同期偏多 15％和 26％，充足的降水非常利于水库蓄水。

2017 年密云水库水体面积和官厅水库面积分别为 133.3 平方千米和 81.0 平方千米，分别为 2000 年和 2003 年以来最大面积（图 3-4）。

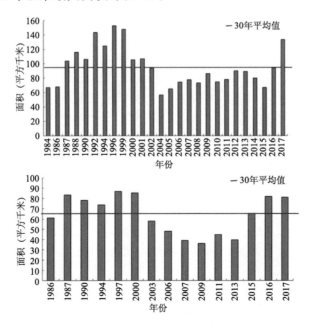

图 3-4　北京 1986—2017 年密云水库（上）和官厅水库（下）水体面积变化图

五、2017 年北京全市生态质量较好,延庆、怀柔和密云达到或接近"良好"等级

2017 年度北京各区生态质量指数值为 46.5～55.2,延庆、怀柔和密云生态质量指标在 54.0 以上,达到或接近"良好"等级,门头沟、平谷、海淀、房山和丰台生态质量指标也相对较高,在 50.0～54.0,其余各区均在 50.0 以下(图 3-5 上)。

2017 年北京全市平均生态质量指数值为 50.5,接近 2016 年同期的平均值(51.0),高于近 10 年平均值(47.1),其中北京生态涵养区生态质量指数为 53.4,较 2016 年(57.2)有所下降,这与 2017 生态涵养区年降水量(617.1 毫米)较 2016 年降水量(687.1 毫米)偏少 1 成有直接关系,但生态质量指数仍处于较好水平,高于近 10 年平均值(52.9)(图 3-5 下)。

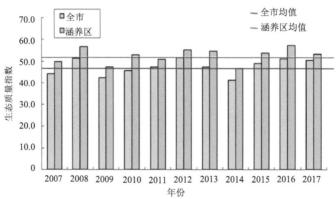

图 3-5 北京 2017 年生态质量等级分布图(上)和 2007—2017 年全市及生态涵养区生态质量变化图(下)

2017 年福建植被生态质量全国第一,为 2000 年以来最优

李丽纯　廖廓　彭继达

（福建省气象科学研究所　2018 年 3 月 15 日）

摘要：2017 年,福建气候条件较好,有利于植被生长,通过气象卫星遥感和生态模型综合监测,2017 年福建省植被生态质量全国第一,为 2000 年以来最优。沿海局部地区的植被生态质量略差且有变差趋势。

一、2017 年福建植被生态质量指数居全国第一

植被生态质量是衡量自然生态的关键指标,采用气象卫星遥感和生态模型综合监测方法进行福建植被生态质量监测评估,结果表明:2017 年,全国植被生态质量指数平均值为 71.9,福建植被生态质量指数为 85.5,位居全国第一。全省 98.2% 的区域植被生态质量正常偏好,但是福州、莆田、泉州和厦门 4 市沿海的局部地区植被生态质量相对偏差。

二、福建植被生态质量呈提高趋势,2017 年为 2000 年以来最优

2000 年以来全省大部地区植被生态质量呈提高趋势,但是沿海局部地区的植被生态质量呈现下降趋势(图 3-6)。2017 年福建气候总体平稳,主要气象灾害有台风、暴雨、高温和

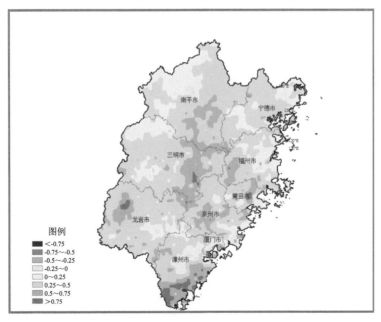

图 3-6　2000—2017 年福建植被生态质量指数变化趋势率分布图

气象干旱等,造成的经济损失较轻,有利于植被生长。2017 年福建植被生态质量指数比 2016 年提高 2.0%,比近 5 年平均值(83.3)高 2.6%,为 2000 年以来最高值(图 3-7)。

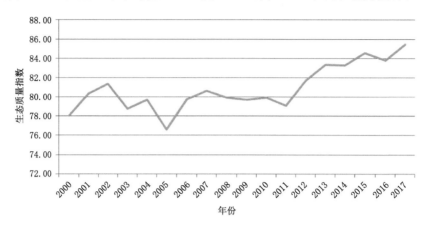

图 3-7　2000—2017 年福建植被生态质量指数统计

三、关注与建议

　　2000 年以来全省大部植被生态质量趋好,充分说明实施生态省战略成效显著。沿海局部地区的植被生态质量略差且有变差趋势,请注意做好应对工作。

21 世纪以来陕西植被生态显著改善

李登科　党红梅　吴林荣　郑小华　刘环　冯蕾 王钊

（陕西省气象局　2018 年 12 月 27 日）

摘要：陕西省气象局利用 EOS/MODIS 卫星植被指数产品，分析了 2000 年以来全国及陕西省的植被覆盖时空分布变化状况，结果表明：2000—2018 年，陕西省植被指数平均变化速率（全国第三）和百分率平均值（全国第四）是全国平均值的 2.9 倍和 2 倍，2018 年陕西省平均植被指数在全国的位次较 2000 年提升 3 位。植被覆盖的增加，尤其陕北地区增加最为显著，这充分反映了陕西省退耕还林、天然林保护等系列生态建设工程取得了显著成效。

一、植被覆盖变化分析

（一）陕西省植被指数平均变化速率（全国第三）是全国平均值的 2.9 倍

2000—2018 年，全国植被指数（NDVI）在波动中逐年上升，植被指数的平均变化速率为每年 0.0023；陕西省植被指数平均变化速率是全国的 2.9 倍，位列全国第三（图 3-8）。全国有 30 个省（区、市）（含台湾省）植被指数平均变化速率为正，即植被覆盖的年际变化为增加趋势；2 个省（市）植被指数平均变化速率为负，即植被覆盖的年际变化为降低趋势。

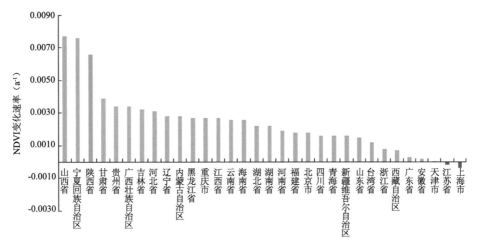

图 3-8　2000—2018 年各省（区、市）NDVI 平均变化速率

（二）陕西省植被指数百分率平均值（全国第四）是全国平均值的 2 倍

2000—2018 年，全国植被指数变化百分率平均值为 8.3%，陕西 17.9%，是全国的 2 倍，

位列全国第四。植被指数变化百分率平均值各区间省(区、市)个数分别为:大于10%有6个,0~10%有24个,-10%~0有2个。

(三)2018年陕西省平均植被指数在全国的位次较2000年提升3位

2000年,陕西省植被指数平均值为0.5751,位列全国第23位;2018年,陕西省植被指数平均值为0.7219,位列全国第20位,较2000年提升3位。

从全国2000—2018陆地植被指数变化百分率的空间分布图(图3-9)可以看出,以陕北地区为核心的黄土高原地区是全国连片增绿幅度最大的地区。

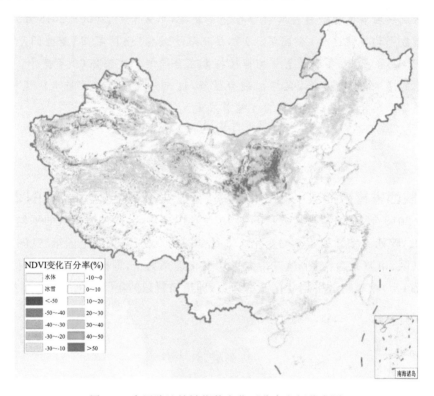

图3-9 全国陆地植被指数变化百分率空间分布图

二、陕西省植被生态显著改善,尤其是陕北地区

与2000年比较,陕西省大部分区域植被指数都有不同程度的增加,特别是延安以北区域植被指数增加特别显著(图3-10和图3-11)。

图3-12是陕西省植被指数变化百分率分布图。从图3-12可以看出,延安以北大部植被指数增加了40%以上,渭北塬区大部植被指数增加了20%~40%。陕北长城沿线是陕西省防沙治沙工程区,黄土高原丘陵沟壑区和渭北塬区是退耕还林工程重点区,植被指数大幅度增加的区域正是重点生态工程建设区,说明生态工程建设改善了区域植被覆盖,取得了显著成效;黄龙山、子午岭林区和秦巴山地是陕西省天然林保护重点区,植被指数比较稳定,变化较小。

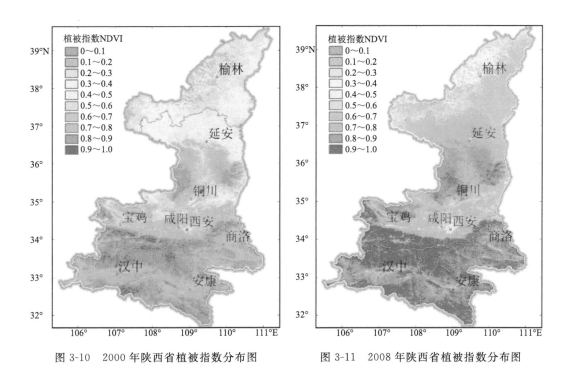

图 3-10 2000 年陕西省植被指数分布图   图 3-11 2008 年陕西省植被指数分布图

从陕西省各市植被指数变化(图 3-13)来看,榆林市增加幅度最大,为 48.7%,其次是延安市,为 26.9%。

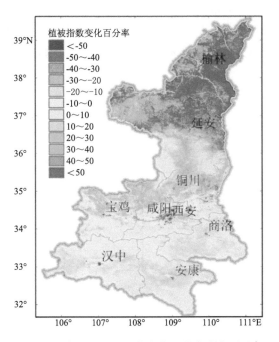

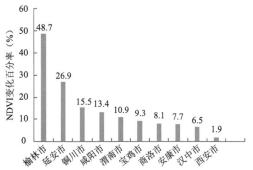

图 3-12 陕西省植被指数变化百分率分布图(%)   图 3-13 陕西省各设区市植被指数变化百分率

2018年临汾市主要果树花期预报及冻害预测

郭志芳[1]　曹巧莲[1]　戴有学[1]　李霞[2]

（1. 临汾市气象局；2. 临汾市农委　2018年3月21日）

摘要：根据临汾市苹果、玉露香梨主要种植区地面气象观测资料统计分析，2018年冬季气象条件有利于果树安全越冬，冬季各主要果区果树无明显气象灾害发生。3月以来，临汾市气温偏高，热量资源利于果树春季萌芽。综合分析前期气象条件，苹果、玉露香梨观测站物候期资料和省气候中心苹果、玉露香梨始花期模型预测结果，并结合田间调查，预计临汾市苹果、玉露香梨主要种植区进入始花期的时间在4月上旬，较常年同期提前4~8天。4月上旬中期临汾市将有一次较强的冷空气过程，可能对正处于开花期的苹果、梨造成严重影响，将使苹果、梨的花蕾、花粉受冻，影响果花授粉及其生长发育。

一、前期气象条件对主要果树生产的影响

冬季临汾市果树处于休眠期，果树平均气温要求在−10~7℃，低于−15℃易发生冻害。

2018年冬季（2017年12月至2018年2月）临汾市苹果、玉露香梨产区平均气温介于−5.3~1.0℃，其中平川介于0.1~1.0℃，山区介于−5.3~0℃（图3-14），均满足果树休眠期气温要求。3月上中旬气温偏高，果树主要种植区气温较常年偏高0.9~4.9℃，热量资源有利于果树春季萌芽。

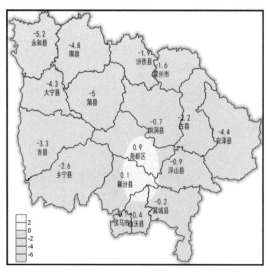

图 3-14　临汾市 2018 年冬季平均气温分布图（℃）

二、果树花期预报

苹果主产区吉县和襄汾 2018 年 3 月 1—20 日,降水量分别为 20.6 毫米和 10.4 毫米,比常年同期分别偏多 126.4％和 14.3％;平均气温分别为 7.7℃和 10.2℃,分别比常年同期偏高 3.8℃和 3.8℃;日照时数分别为 117.2 小时和 114 小时,分别比常年同期偏少 3％和偏多 0.1％。

玉露香梨主要种植区隰县 2018 年 3 月 1—20 日,降水量为 14.3 毫米,比常年偏多 72.3％;平均气温为 7.1℃,比常年同期偏高 4.1℃;日照时数为 134.4 小时,比常年同期偏多 4.6％。

前期临汾市气温较常年同期偏高 0.9～4.9℃,有利于果树春季萌芽,目前临汾市苹果、梨处于芽开放期,部分山区果区处于芽膨大期。

在山西省气候中心模型预测的基础上,综合考虑隰县玉露香梨,襄汾、吉县富士系苹果观测资料、果区田间调查情况、前期气象条件和气候预测,2018 年果树主要种植区花期较常年提前 4～8 天,预计在 4 月上旬。

三、果树花期冻害预测分析

据临汾市气象台预测:2018 年 4 月上旬至中旬冷空气过程有 2 次,分别出现在 4—6 日、19—20 日。其中,4 月上旬中期冷空气过程较强,全市大部分地区有小雨,并伴有 5～6 级,短时 6～7 级西北风,过程降温幅度将达 6～8℃,地面最低气温平川可达－6～－4℃,山区可达－9～－7℃。6—8 日出现霜冻,花期冻害发生概率较大。

从临汾市果树主要种植区花期冻害风险概率统计结果来看,常年苹果主产区花期易发生冻害的区域主要是西北部和东部,苹果、梨开花期受冻的临界温度为－1.7℃。4—6 日的冷空气过程可能对正处于开花期的苹果、梨造成严重影响,将使苹果、梨的花蕾、花粉受冻,影响果花授粉及其生长发育。

四、措施建议

鉴于前期临汾市气温较常年同期偏高,2018 年果树主要种植区花期提前并伴有强冷空气影响,经与市农委果业专家会商,提出如下建议:

(1)近期天气晴好,有利于果园清园和病虫害防治,各果区抓住有利天气开展病虫害防治,继续加强腐烂病的监测与刮治,加强田间管理和施肥,以增加果树树势和抵抗力。

(2)各果区密切关注天气变化,4 月 6—8 日冷空气来临前,可通过果园灌溉、树冠喷水、喷施防冻液和连片熏烟等措施改善果园小气候,预防和减轻花期冻害带来的危害。

(3)冻害发生后,延迟疏花疏果,开展人工授粉等以降低损失。

2018年南美大豆产量预测及我国大豆气候年景展望，建议扩大我国大豆种植面积和调整进口策略，积极应对中美贸易摩擦

郑昌玲[1]　王维国[2]　侯英雨[2]　宋迎波[1]　李坤玉[2]　王铸[2]

（1.国家气候中心，2.国家气象中心　2018年4月19日）

摘要：南美大豆产量约占全球大豆总产量的50％左右，其中巴西和阿根廷产量最高，仅次于美国，分列全球第二位和第三位。预计2018年南美洲大豆产量为17 640万吨，居历史第二位，略低于2017年；其中巴西大豆总产量为11 235万吨，阿根廷为5005万吨。目前，巴西大豆大部已收获，阿根廷大豆正处于成熟收获期；美国大豆处于备耕备播阶段。预计，2018年美国大豆主产区气候年景正常偏差，大豆总产量低于2017年（11 952万吨）。

预计2018年我国气象条件总体对大豆生产有利，春季东北产区气温偏高、降水偏多，对大豆播种开展十分有利；夏季东北产区低温冷害轻，华北、黄淮产区降水偏多、干旱发生概率小，南方产区高温、洪涝灾害弱于2017年，气象条件总体利于大豆生产和产量形成。

近期，中美贸易摩擦不断升温，建议充分利用2018年有利的气候年景扩大我国大豆的种植面积，关注南美大豆的进口量。

一、预计2018年南美大豆产量居历史第二位，略低于2017年

2018年巴西大豆总产量将位居历史第二位。巴西大豆自2017年9月播种以来，其生长阶段总体光温适宜，降水充足，但南部和东北部产区在大豆成熟收获期出现不利降水天气。根据气象条件、卫星遥感监测等综合分析，预计2018年巴西大豆种植面积比2017年增加3.2％，但平均单产比2017年减少4.6％，总产量（11 235万吨）比2017年减少175万吨，其单产和总产量均将位居历史第二位，仅次于最高的2017年。

2018年阿根廷大豆总产量为近5年来第二低。阿根廷大豆生长前期气象条件较好，墒情适宜；但受台风"拉尼娜"影响，中部产区2月以来晴热少雨，大豆产量形成受到影响。预计2018年阿根廷大豆平均单产比2017年减少12.7％、种植面积减少0.8％，总产量为5005万吨，比2017年减产775万吨，为近5年来第二低。

综合主产国巴西和阿根廷2018年大豆产量预测结果，预计2018年南美大豆平均单产比2017年减少7.9％，总产量（17 640万吨）比2017年减少6.1％（1149万吨）（表3-1），总产量仅次于历史最高的2017年，将位居历史第二位。

美国情况：目前美国大豆正处于备耕备播阶段。受 2018 年春季持续低温和土壤过湿影响，2018 年美国大豆种植意向面积较 2017 年减少约 1‰。另外，预计 2018 年 5—6 月美国大豆主产区大部降水偏多，土壤过湿不利于播种和苗期生长；7—8 月气温偏高、降水正常或偏少，可能出现阶段性高温干旱，不利于大豆产量形成，总体气候年景正常偏差，预计 2018 年美国大豆总产量将低于 2017 年（11 952 万吨）。

表 3-1　2018 年南美大豆单产、种植面积和总产量与 2017 年、近 5 年对比

	2018 年预报值			与 2017 年相比			与近 5 年平均相比		
	单产 （千克/公顷）	面积 （千公顷）	总产 （万吨）	单产 （%）	面积 （%）	总产 （%）	单产 （%）	面积 （%）	总产 （%）
南美洲	2990	59000	17640	−7.9	2.0	−6.1	1.3	4.5	5.8
巴　西	3210	35000	11235	−4.6	3.2	−1.5	6.1	11.2	17.9
阿根廷	2750	18200	5005	−12.7	−0.8	−13.4	−6.1	−5.1	−10.8

二、2018 年我国大豆气候年景分析展望

我国大豆主产区为东北平原、黄淮平原、长江三角洲及江汉平原；东北大豆播种期集中在 5 月上中旬，华北、黄淮在 6 月中下旬，南方在 4 月上中旬。目前我国大豆主产区未进入播种期。

春季降水充足，利于东北和南方大豆产区适时播种。3 月以来，东北大豆主产区大部降水量正常或偏多 3 成至 2 倍，土壤墒情适宜，利于大豆生产区整地备播。预计 4 月下半月至 5 月主产区大部气温偏高 1~2℃，降水量正常或偏多 1~2 成，水热条件利于大豆播种出苗；南方大豆产区 4 月下半月至 5 月气温正常或偏高，利于大豆适时播种和苗期生长。

预计夏季气象灾害偏轻，利于大豆生长发育和产量形成。预计夏季（6—8 月）东北大豆产区气温接近常年同期或偏高，低温冷害偏轻；南方主产区大部气温正常或偏高、降水量偏少，高温热害和洪涝灾害均可能不及 2017 年，利于大豆生长发育和产量形成。华北、黄淮大豆产区降水量接近常年或偏多 2~5 成，干旱发生概率小，利于大豆播种出苗和生长发育。但黑龙江西部、湖北南部、湖南北部等地夏季降水偏少 2~5 成，可能出现阶段干旱，对大豆产量形成不利。

总体上，预计春季至夏季，我国大豆主产区气象条件偏好，北方干旱、低温冷害、南方高温洪涝等灾害偏轻，对大豆播种、生长发育和产量形成均较为有利。

三、决策建议

一是在贸易摩擦中密切关注全球大豆生产形势，适时调整进出口策略。美国大豆总产量长期位居世界首位，巴西、阿根廷位列世界第二位、第三位。我国进口大豆曾长期依赖美国，2017 年中国从美国进口大豆 3285 万吨，约占进口大豆总量的 34%，占美国出口大豆总量的 62%。因此，在中美贸易摩擦中，为减少对美国大豆的依赖程度和降低损失，应关注大

豆进口渠道和南美大豆的进口量。

二是扩大我国大豆种植面积,提高产量规模,弥补进口不足。根据气候趋势预测,2018年我国北方大豆主产区播种期水热条件较好,利于东北平原以及河北、河南、山东、江苏等传统主产区增加播种面积,南方农区也可适当增加种植面积;加强先进农业技术的应用,大力推进大豆规模化、集中化和机械化生产,促进我国大豆产量的不断提高。同时,提高农民种植的积极性,增加大豆种植补贴。

由于预报时效较长,对美国大豆产量的预报还存在不确定性,中国气象局将密切关注天气气候变化,及时作出订正预报。同时,还将密切关注全球大豆产区的天气气候趋势,及时作出大豆产量的预估和上报工作。并全力做好我国大豆产区的干旱、低温冷害、暴雨洪涝、强对流等气象灾害以及病虫害的监测预警工作,保障大豆稳产高产。

2018年
全国优秀决策气象服务
材料汇编

第四篇

气象保障决策服务

黄河流域汛期气象服务进展情况报告

匡晓燕　刘雅星　常军　王友贺

（河南省气象局　2018 年 7 月 2 日）

摘要：黄河安危事关大局，中国气象局对黄河流域气象服务高度重视，针对黄河流域气象中心运行机制进行专题研究，进一步强化流域联防协作和部门合作。6月 19—21 日，中国气象局副局长余勇同志来豫调研工作，走访水利部黄河水利委员会（以下简称黄委），到黄河沿线察看险工险段，检查气象服务工作，慰问基层干部职工，出席 2018 年黄河流域气象业务服务协调委员会工作会议，对黄河流域气象服务进行全面安排部署。河南省气象局作为黄河流域气象中心牵头单位，认真贯彻中央领导同志批示精神和省委省政府、中国气象局决策部署，按照 2018 年黄河防汛抗旱工作视频会议精神特别是河南省省长"一个确保、三个不发生"的总体要求，充分认识 2018 年黄河防汛气象服务严峻形势，进一步强化黄河流域气象中心职能，召开专题会议，积极对接沟通，加强运转协调，争取各方面支持，共同做好流域气象服务工作。

一、多措并举做好黄河防汛气象服务各项准备

（一）充分认识 2018 年黄河防汛气象服务严峻形势

黄河自 1982 年以来，已连续 35 年未发生超过 10 000 立方米每秒量级的洪水，发生大洪水的可能性越来越大。据预测，2018 年汛期我国气候总体偏差，旱涝并重，黄河流域主汛期降水偏多，黄河流域整体防汛形势十分严峻。河南省气象局从气候形势、水利设施、水沙特点、防灾意识等方面详细分析了 2018 年黄河防汛形势，向中国气象局作了专题报告。中国气象局局长刘雅鸣，副局长沈晓农、矫梅燕、余勇等同志都作了重要批示和指示，要求减灾司针对黄河流域防汛抗旱新形势新要求，进一步加强指导协调；要求国家气候中心作好滚动订正预报，全力做好服务；要求国家气象中心、公共气象服务中心和黄河流域气象中心做好流域防灾减灾针对性服务。

（二）进一步强化黄河流域气象中心职能

刘雅鸣同志对黄河流域气象服务十分关心，要求河南省气象局主动与黄委对接，发挥好黄河流域气象中心作用，协调流域各单位共同做好流域气象服务。经中国气象局研究同意，由人事司印发了《关于加强黄河流域气象中心运行协调工作的通知》（气人函〔2018〕122号）：一是提升了黄河流域中心规格，由挂靠河南省气象台升格为依托河南省气象局，主任由河南省气象局局长担任，副主任由分管副局长担任；二是扩充了成员单位，在原有基础上，增

加国家卫星气象中心、国家气象信息中心等为协调委员会成员单位;三是增加了职责任务,由原来信息汇集、联防服务两大职能调整为信息汇集、业务建设、气象服务、科研交流、部门合作五大职能,扩展了黄河流域气象工作领域。

(三)中国气象局领导专程调研检查黄河防汛气象服务工作

6月19—21日,中国气象局副局长余勇同志带领减灾司、预报司等部门负责同志到河南调研检查汛期气象服务工作,先后到省气象局业务平台、孟津县气象局等单位调研,深入了解汛期气象服务工作开展情况,看望慰问一线干部职工,赴黄河水利委员会、小浪底水利枢纽管理中心、花园口水文站、黄河险工险段等实地调研气象服务需求,就加强合作共同做好黄河防汛工作进行深入沟通。余勇同志对河南汛期气象服务等工作给予肯定,并就做好下一步工作提出要求。其间,余勇同志与河南省副省长武国定同志、黄委副主任苏茂林同志进行了会谈,就进一步强化合作、提高气象服务地方经济社会发展水平深入交流。

(四)顺利召开黄河流域气象会议专题安排部署相关工作

为进一步贯彻落实中央领导同志关于防汛抗旱工作的重要指示,全面落实中国气象局、黄河防总有关部署特别是陈省长的重要讲话精神,经过与中国气象局、黄委和黄河流域气象部门对接沟通,黄河流域气象中心于21日在郑州顺利召开了2018年黄河流域气象业务服务协调委员会工作会议。黄河流域8省(区)气象部门和中国气象局有关职能司、业务单位负责同志近50人参加会议。余勇、苏茂林出席会议并讲话。会议立足于防大汛抗大灾,围绕"一个确保、三个不发生"总体要求,切实增强风险防范意识,着力提升黄河流域中心水文气象业务服务能力,深入推动黄河流域气象业务服务工作全面发展。省气象局王鹏祥同志代表黄河流域气象业务服务协调委员会主任作工作报告。与会代表围绕如何做好2018年流域气象服务工作、加强流域气象水文合作、优化工作机制、推进未来发展进行了充分讨论,达成了共识。

(五)统筹兼顾做好流域汛期气象服务相关工作

一是做好部门合作对接。黄河流域气象中心与黄委会对接并召开座谈会,双方就做好2018年防汛抗旱工作、深化部门合作等达成共识;与水利部小浪底水利枢纽管理中心围绕气象和库区安全、水资源调度等进行研讨,对强化库区气象安全保障达成一致意见。二是加强会商分析研判。组织流域相关省区气象专家多次进行汛期趋势会商,及时向黄河防总、黄河流域各省(区)有关领导和防汛部门汇报了会商意见。三是开展黄河流域气象调研。到湖北省局调研,学习借鉴长江流域气象中心的好做法好经验。四是做好黄河流域气象服务技术准备。加强业务系统研发应用,完善流域水文气象信息共享平台,黄河流域8省(区)实现流域水文、气象信息共享,着力构建"一图一网"黄河流域气象服务新体系。同时河南地跨长江、淮河、黄河、海河四大流域,地处于南北气候和山区向平原的两个过渡带,历史上水旱灾害频繁,具有长旱骤涝、旱涝交错、灾害范围广等显著特点,是全国重灾区之一,我们将全力以赴做好流域区域风险防控气象保障工作。

二、2018 年以来黄河流域天气气候特点

一是降水总体偏多、区域分布不均。2018 年以来,黄河流域降水总体偏多。全流域平均降水量 157.9 毫米,比常年同期偏多 15%。空间分布差异大,西北部地区降水量在 100 毫米以下,南部地区在 200 毫米以上,中游和下游的局部地区超过 250 毫米;下游平均降水量(223.0 毫米)是上游(119.9 毫米)的 1.9 倍。上游西北部、中游局部偏少 1~6 成,其他地区降水偏多,其中上游鄂尔多斯内河流域大部、龙羊峡刘家峡流域部分地区、中游沁河流域和洛河流域部分地区、下游金堤河流域的大部地区偏多 5 成至 1.1 倍(图 4-1)。

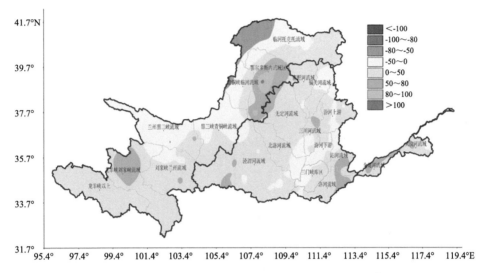

图 4-1　2018 年以来黄河流域降水量距平百分率图(%)

二是 4 月以来降水量大,降水日数多。2018 年 4 月以来降水呈近年持续偏多趋势,上游和中游近 5 年中 4 年偏多、仅 1 年偏少,下游 3 年偏多、2 年偏少。有 10 站为建站以来同期最多值。全流域平均降水日数 23.0 天,较常年同期(21.4 天)偏多 1.6 天;中游和下游降水日数均较常年同期偏多。有 1 个站(陕西杨凌 28 天)降水日数突破历史同期极值;有 5 个站为建站以来同期第二多值,5 个站为建站以来同期第三多值(表 4-1 和表 4-2)。

表 4-1　4 月以来降水量超过历年极值站点分布

站名	省份	2018 年 4 月以来降水量(毫米)	历史极值(毫米)
贵南	青海	238.7	199.5
同德	青海	244.1	217.2
中阳	山西	222.5	208.4
阳城	山西	249.6	236.1
滑县	河南	281.5	227.8
台前	河南	258.9	175.4
范县	河南	270.2	221.7
玛沁	青海	217.2	216.6
若尔盖	四川	244.0	241.3
卓尼	甘肃	261.8	256.8

表 4-2　4 月以来黄河流域降水量和降水日数

流域	降水量（毫米）	常年值（毫米）	距平百分率（%）	当年值（天）	常年值（天）	距平（天）
上游	107.0	94.8	14	22.9	23.2	−0.3
中游	137.0	116.5	18	21.5	20.2	1.3
下游	189.9	126.8	50	18.7	16.6	2.1
全流域	130.7	110.3	19	23.0	21.4	1.6

　　三是降水过程多，4 站日降水创新高。2018 年 4 月以来，共出现 10 次大范围降水过程，为近 5 年来最多；出现 5 次局地暴雨天气过程，累计 21 站次达暴雨等级，有 5 个站日降水量 7 次突破建站以来历史同期极值（陕西定边和甘肃岷县日降水量 2 次突破历史同期极值）（图 4-2 和表 4-3）。

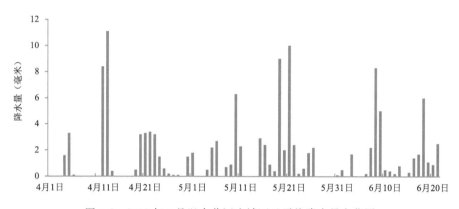

图 4-2　2018 年 4 月以来黄河流域逐日平均降水量变化图

表 4-3　2018 年 4 月以来日降水量突破历史同期极值的站点

站名	当年值（毫米）	日期	历史极值（毫米）	历史极值出现的时间
甘肃岷县	46.4	2018 年 5 月 16 日	41.5	1991 年 5 月 23 日
内蒙古东胜	52.0	2018 年 5 月 19 日	46.5	1989 年 6 月 6 日
陕西定边	48.8	2018 年 5 月 21 日	45.4	2002 年 6 月 8 日
甘肃岷县	42.8	2018 年 5 月 21 日	41.5	1991 年 5 月 23 日
青海兴海	34.2	2018 年 6 月 7 日	32.4	1971 年 5 月 16 日
青海同德	35.2	2018 年 6 月 7 日	29.9	2007 年 6 月 11 日
陕西定边	47.7	2018 年 6 月 21 日	45.4	2002 年 6 月 8 日

　　黄河流域日降水量极值呈东多西少的分布特征，上游大部地区在 100 毫米以下，上游东北部大部在 100～200 毫米，鄂尔多斯内河流域局部超过 200 毫米；下游大部在 200 毫米以上，其中金堤河流域局部超过 300 毫米；中游大部为 100～200 毫米，汾河上游、三门峡库区、洛河流域局部达 200～317 毫米（图 4-3 和表 4-4）。

图 4-3　黄河流域日降水量历史极值分布图（毫米）

表 4-4　黄河流域日降水量历史极值

		站名	子流域	省份	历史极值（毫米）	出现日期
上游	最大	乌审召	鄂尔多斯内流区	内蒙古	245.0	1961 年 7 月 22 日
	最小	甘德	龙羊峡以上	青海	35.6	2000 年 6 月 11 日
中游	最大	平遥	汾河上游	山西	317.3	1977 年 8 月 6 日
	最小	右玉	临河托克托	山西	74.0	1979 年 8 月 11 日
下游	最大	延津	干流	河南	379.1	2000 年 7 月 6 日
	最小	泰安	大汶河	山东	150.2	1996 年 7 月 30 日

三、未来天气气候预测及关注重点

根据黄河流域气象中心最新预测，流域汛期降水偏多的趋势不变，中游多雨带向西有扩展，具体意见如下：

一是降水总体偏多。预计 7—8 月，降水量除渭河流域南部偏少 0～2 成外，黄河流域大部偏多 0～2 成，其中晋陕区间和河套东北部偏多 2～4 成。

二是降水时空分布不均。7 月份流域大部偏多 0～2 成，中游晋陕区间和宁夏南部段偏多 2～4 成。8 月份，中游大部及下游偏多 0～2 成。

三是降水时段集中。预计盛夏黄河流域降水集中时段在 7 月上旬、7 月中旬中后期到下旬前期和 8 月上旬到中旬前期（图 4-4）。

重点关注：

一是中游、下游应作为防汛重点。预计 2018 年中游山陕区间和内蒙古部分地区 7 月份出现强降水的可能性较大；下游黄河滩区仍有上百万居民，建议作为 2018 年黄河流域汛期防汛关注的重点。

二是应高度重视防范局地极端天气。在气候变暖背景下，黄河流域短时强降水出现频

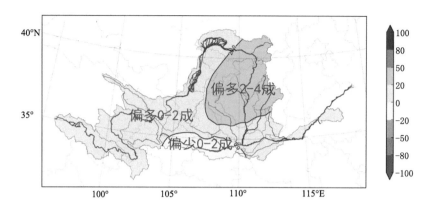

图 4-4　黄河流域 2018 年 7—8 月降水距平百分率预测图（％）

率增加,易引发山洪、中小河流域洪水等,因此,应重点做好流域山洪地质灾害和中小河流域洪水防范应对工作。

　　三是要合理做好水资源调度。由于汛期流域降水时空分布不均,有可能出现阶段性干旱,应合理做好水资源调度,做到防汛抗旱两手抓。

上合组织青岛峰会期间高影响天气风险评估

孟祥新　　伯忠凯　　郭丽娜　　顾伟宗　　汤子东

（山东省气候中心　2018 年 1 月 25 日）

摘要：6 月，青岛平均降水量 76.2 毫米，平均气温 20.3℃，平均昼夜温差 5.7℃，相对湿度 83％，人体感觉较为舒适。6 月 1—11 日，青岛气温适宜，降水概率 27.9％，可能有 3 天出现降水，凌晨到上午的降水概率高于午后，降水以小雨为主；雾发生的概率较大，为 31.9％，大约有 3 天出现雾，雾大多出现在 20 时到次日 09 时。青岛奥帆基地附近风向以东到东南风为主，风力多为 3 级，上午风速较小，平均 2～3 米/秒，中午到夜间风速增大，平均 3～4 米/秒，出现 4 级以上大风的概率很小，仅为 4％；雷暴、冰雹、霾、台风等天气出现可能性小。

一、山东气候概况

山东位于东亚季风区，季风气候特点明显，四季分明，雨热同季。春季升温迅速，干旱少雨；夏季高温炎热，潮湿多雨；秋季冷暖适中，天气晴爽；冬季寒冷干燥，多偏北风。

6 月，除半岛沿海地区外，其他大部地区陆续进入夏季，全省平均气温 24.3℃，各地在 18.1℃（成山头）至 26.4℃（济南）之间，由东部沿海向内陆逐渐递增，极端最高气温 43.0℃（邹平，2005 年 6 月 23 日），极端最低气温 6.3℃（潍坊，1992 年 6 月 7 日），平均昼夜温差 11.0℃，平均相对湿度 65％。6 月全省平均降水量 77.6 毫米，各地在 60.9 毫米（莘县）至 107.1 毫米（峄城），由东南向西北逐渐递减。

二、青岛气候概况

青岛地处山东半岛东南部，空气湿润，温度适中，四季分明；"春迟、夏凉、秋爽、冬长"是青岛沿海地区显著的季节变化特点。

6 月青岛处于春、夏过渡期，气温逐渐升高，降水开始增多，平均气温 20.3℃，极端最高气温 34.8℃（2004 年 6 月 11 日），极端最低气温 11.2℃（1962 年 6 月 8 日），平均昼夜温差 5.7℃，相对湿度 83％，人体感觉较为舒适。月平均降水量 76.2 毫米，降水概率 43.9％，最大日降水量 128.6 毫米（2007 年 6 月 27 日）。1961 年以来共有 3 个台风影响青岛，均出现在中下旬。

三、青岛 6 月 1—11 日高影响天气风险分析

（一）降水以小雨为主，凌晨到上午的降水概率高于午后

6 月 1—11 日，青岛平均降水量 20.6 毫米，平均降水日数 3.1 天，最多为 6 天，降水概率

27.9％,以小雨为主(概率为22.3％),1961年以来出现2次暴雨(1962年6月2日和1980年6月7日)。6月5—11日,青岛平均降水量12.2毫米,平均降水日数2.0天,最多为5天,降水概率28.1％,以小雨为主(概率为22.8％)。6月8日降水概率最大,为36.8％,6月5日降水概率最小,为15.8％(表4-5和图4-5)。

表4-5　青岛6月1—11日降水统计表(1961—2017年)

	1日	2日	3日	4日	5日	6日	7日	8日	9日	10日	11日
平均降水量(毫米)	3.9	2.6	1.0	0.9	1.3	1.5	2.6	1.9	2.3	1.3	1.3
最大降水量(毫米)	47.5	53.3	15.0	13.8	29.4	20.9	51.6	33.4	37.8	15.7	22.3

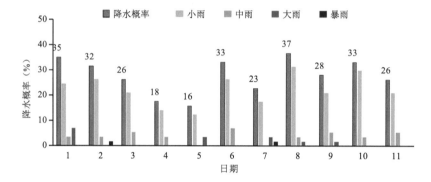

图4-5　青岛6月1—11日降水概率(1961—2017年)

青岛降水日变化特征明显,05时(04—05时,下同)、06时降水概率最高,为10.0％～11.0％;15—20时降水概率较低,凌晨到上午的降水概率高于午后(图4-6)。

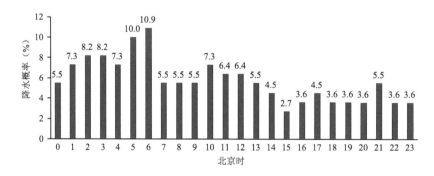

图4-6　青岛6月1—11日逐小时降水概率(2008—2017年)

(二)气温适宜,未出现过高温

6月1—11日,青岛平均气温19.1℃,日最高气温34.8℃(2004年6月11日),日最低气温11.2℃(1962年6月8日);出现30℃以上日最高气温的概率为1.9％,没有出现过35℃以上的高温天气(表4-6)。

表 4-6　青岛 6 月 1—11 日气温统计表（1961—2017 年）

	1 日	2 日	3 日	4 日	5 日	6 日	7 日	8 日	9 日	10 日	11 日	1—11 日
平均气温（℃）	18.4	18.5	18.7	19.2	18.9	18.6	18.7	19.5	19.5	19.8	20.2	19.1
日最高气温（℃）	30.2	30.4	30.5	31.6	28.3	31.5	28.2	31.6	30.1	31.9	34.8	34.8
日最低气温（℃）	12.2	12.9	13.0	13.2	12.4	16.3	12.2	11.2	12.0	14.5	15.2	11.2
日最高气温 30℃以上概率（％）	1.8	1.8	1.8	3.5	0	1.8	0	1.8	1.8	1.8	5.3	1.9

（三）雾发生的概率较大，大多发生在 20 时到次日 09 时

6 月 1—11 日，青岛平均雾日数为 3.6 天，最多为 8 天。雾发生的概率较大，为 31.9％，其中 8 日、9 日 40.0％以上，最长连续雾日数为 6 天，出现在 1992 年和 2006 年，概率为 3.5％，霾出现的可能性很小（表 4-7）。

近 10 年 6 月 1—11 日出现 38 次雾，其中 28 次出现在 20 时到次日 09 时，20 时到次日 09 时平均相对湿度超过 85.0％（图 4-7），雾出现的可能性较大。

表 4-7　青岛 6 月 1—11 日雾和霾统计表（1961—2017 年）

	1 日	2 日	3 日	4 日	5 日	6 日	7 日	8 日	9 日	10 日	11 日	1—11 日
雾概率（％）	36.8	35.1	28.1	22.8	31.6	28.1	33.3	42.1	43.9	22.8	26.3	31.9
霾概率（％）	3.5	0	0	3.5	0	0	1.8	1.8	1.8	1.8	0	1.3

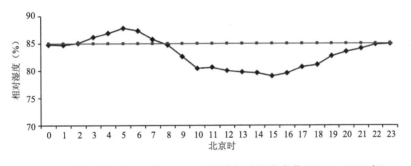

图 4-7　青岛奥帆基地 6 月 1—11 日逐时相对湿度变化（2008—2017 年）

（四）风向以东到东南风为主，风力多为 3 级

6 月 1—11 日，青岛奥帆基地风向以东到东南风为主，出现频率为 64.0％，全天逐小时风向都是以东到东南风为主，出现频率都在 55.0％以上，其中 19—21 时出现东到东南风的频率最高，可以达到 70.0％～75.0％（图 4-8 和图 4-9）。

6 月 1—11 日，青岛奥帆基地平均风速为 3.3 米/秒，以 3 级风为主，出现 4 级以上风的概率为 4.0％。最大风速为 19.7 米/秒（2014 年 6 月 1 日 18 时），极大风速为 26.3 米/秒（2014 年 6 月 1 日 17 时）（表 4-8）。风速日变化明显，上午风速较小，在 2～3 米/秒，中午到夜间风速增大，在 3～4 米/秒（图 4-10）。

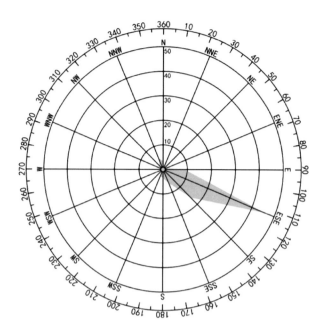

图 4-8　青岛奥帆基地 6 月 1—11 日风向频率玫瑰图(2008—2017 年)(％)

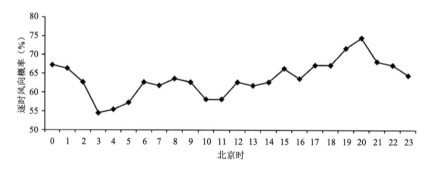

图 4-9　青岛奥帆基地 6 月 1—11 日逐时风向东到东南风概率(2008—2017 年)

表 4-8　青岛奥帆基地 6 月 1—11 日风统计表(2008—2017 年)

	平均风速 (米/秒)	最大风速 (米/秒)	极大风速 (米/秒)	3 级风 概率(％)	4 级风 概率(％)	5 级风 概率(％)	6 级风以上 概率(％)
1 日	3.3	19.7	26.3	30.0	10.0	0.0	0.0
2 日	3.4	11.4	17.7	40.0	0.0	0.0	0.0
3 日	3.2	7.8	17.9	50.0	0.0	0.0	0.0
4 日	3.4	8.4	18.6	50.0	0.0	0.0	0.0
5 日	3.3	13.0	20.4	50.0	0.0	0.0	0.0
6 日	3.4	14.8	18.5	40.0	10.0	0.0	0.0
7 日	3.6	7.7	10.6	60.0	0.0	0.0	0.0

续表

	平均风速（米/秒）	最大风速（米/秒）	极大风速（米/秒）	3级风概率(%)	4级风概率(%)	5级风概率(%)	6级风以上概率(%)
8日	3.3	10.4	12.3	40.0	10.0	0.0	0.0
9日	3.1	10.3	19.1	50.0	0.0	0.0	0.0
10日	3.6	11.3	19.1	60.0	0.0	0.0	0.0
11日	3.0	9.9	18.1	20.0	10.0	0.0	0.0
1—11日	3.3	19.7	26.3	44.5	4.0	0.0	0.0

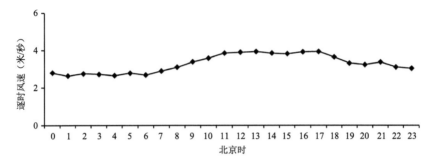

图 4-10　青岛奥帆基地 6 月 1—11 日逐时风速变化(2008—2017 年)

(五)雷暴、冰雹、台风等天气出现可能性小

6月1—11日,青岛出现雷暴、冰雹的概率较小。1961年以来,共出现54次雷暴天气,概率为9.3%。1961年以来仅出现4次冰雹,概率为0.6%,多出现在午后到夜间,1978年以后未出现过冰雹(表4-9)。

表 4-9　青岛 6 月 1—11 日冰雹和雷暴统计表(1961—2017 年)

	1日	2日	3日	4日	5日	6日	7日	8日	9日	10日	11日	1—11日
冰雹概率(%)	0	0	1.8	0	1.8	0	1.8	0	0	0	1.8	0.6
雷暴概率(%)	9.4	13.2	13.2	7.5	3.8	13.2	7.5	7.5	7.5	7.5	11.3	9.3

2007—2016年6月1—11日,青岛奥帆基地周边3千米范围内共出现闪电27次,其中5—11日26次,主要出现在10—15时。

1961年以来,6月份共有3个台风(1970年6月15日、1990年6月25日和2011年6月26日)影响青岛,风雨强度不大。6月1—11日没有台风影响青岛。

进博会期间上海天气气候风险评估
及长期天气展望

贺芳芳　　梁萍

（上海市气候中心　2018 年 9 月 7 日）

摘要：近 10 年进博会同期的气候条件总体比较舒适，但雾霾天气概率较高，雷暴、大风天气概率虽低但有影响。预计进博会期间上海呈现暖湿特征，气温略偏高，雨日略多。11 月上旬冷空气活动偏弱，可能出现阶段性升温，气象条件总体不利于大气污染扩散，可能出现雾霾；上旬后期出现降雨过程的可能性较大；可能出现阶段性阴雨天气。需关注台风活动和"台风、暴雨、高潮位"三碰头极端气候事件。

一、气候概况

近 10 年（2008—2017 年，下同）进博会期间（11 月 1—15 日，下同），上海地区各区平均气温为 14.5～15.9℃，极端最高气温为 27.2～29.2℃，极端最低气温为 2.3～5.2℃，平均降水量为 27.1～38.8 毫米，平均雨日 4～5 天，平均相对湿度为 70％～79％（表 4-10）。气候条件总体比较舒适，但雾霾天气出现概率较高，雷暴、大风天气概率虽低但也造成一定程度影响。

表 4-10　近 10 年进博会期间气象要素平均值（展会会址周围 3 个站）

气象要素 站名	平均 气温（℃）	极端最高 气温（℃）	极端最低 气温（℃）	雨量 （毫米）	雨日 （天）	平均相对 湿度（％）
徐家汇	15.9	27.5	5.2	31.6	5	70
青　浦	14.7	28.3	2.8	29	4	76
闵　行	15.5	28.2	4.6	31.5	5	72

二、天气气候风险评估

（一）降水概率较高（以小雨为主）

近 10 年进博会期间上海地区各区降水概率为 29％～34％，展会期间（5—10 日）的降水概率为 33％～40％。降水以小雨为主，降水概率为 23％～27％，中雨和大雨的概率分别为 5％～7％和 1％～3％。近 10 年暴雨只有金山和奉贤出现 1 次，展会周围各区均无暴雨出现（表 4-11）。小雨概率高，空气自洁能力弱。

表 4-11　近 10 年进博会期间上海市各区降水概率(%)

概率＼站名	闵行	宝山	嘉定	崇明	市区	南汇	浦东	金山	青浦	松江	奉贤
小雨概率	23	23	25	23	27	26	25	26	23	23	24
中雨概率	6	7	5	6	5	5	6	7	6	7	6
大雨概率	1	1	1	1	1	3	1	1	1	1	1
暴雨概率	0	0	0	0	0	0	0	1	0	0	1
有雨概率	31	30	31	30	33	33	33	34	29	31	31

(二)雾霾天气概率较高

近 10 年进博会期间上海地区各区有雾概率为 3%～19%,展会期间(5—10 日)的有雾概率为 7%～22%,全年 7%～11%的雾出现在 11 月上半月。雾主要出现在东南沿海,展会会址周围出现概率小(图 4-11)。大雾对交通影响较大,例如 2016 年 11 月 6 日晨的大雾,造成上海两大机场航班大面积延误,其中浦东机场延误航班至少 129 架。

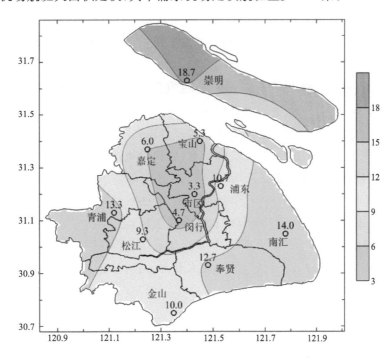

图 4-11　近 10 年进博会期间上海地区有雾概率(%)分布图

2013 年 1 月开始采用上海市空气质量指数(AQI)来评价上海市空气质量。2013—2017 年 11 月 1—15 日,AQI 日均值为 90,出现污染日的概率高达 30%,轻度污染概率最高达 20%,中度污染和重度污染也分别有 7%和 3%;主要污染物为 $PM_{2.5}$,中度污染和重度污染全部由 $PM_{2.5}$ 引起的,73%的轻度污染也是由 $PM_{2.5}$ 引起的(表 4-12),这是因为 11 月上半月上海地区静稳天气较多,空气自洁能力弱,使得大气污染物稀释、扩散条件较差,输送性和本地的细小污染物不易向外扩散。

表 4-12　2013—2017 年 11 月 1—15 日上海市出现污染日天数和概率

污染程度 \ 天数与概率	天数	概率（%）	主要污染物 PM$_{2.5}$天数	主要污染物 NO$_2$ 天数
轻度污染	15	20	11	4
中度污染	5	7	5	0
重度污染	2	3	2	0
合计	22	30	18	4

（三）雷暴、大风天气概率较低但灾情出现

上海地区近 10 年进博会期间雷暴出现概率为 2%，展会期间（5—10 日）的雷暴概率为 4%；近 10 年进博会期间 7 级以上大风（对街道树木、广告牌和航运等有影响）概率为 3%，展会期间（5—10 日）的大风概率为 1%。

雷暴、大风天气概率虽低，但也出现过灾情，如 2009 年 11 月 9 日上海地区出现雷雨，上海两大机场 200 架左右航班延误或取消，奉贤区南桥镇 5 台电视机和 1 台电脑遭雷击损坏。2009 年 11 月 1—3 日上海地区出现大风，上海港近两百艘国际航行船舶取消出入境，吹塌浦东一综合整新防护棚。

（四）"台风、暴雨、高潮位"三碰头极端气候事件仍需提防

1949 年以来台风影响上海的最晚时间为 10 月 23 日，近 10 年 10 月对上海有风雨影响的台风有 2 个，其中 2013 年 10 月 6—8 日"菲特"台风和冷空气共同影响上海，普降暴雨到特大暴雨，同时受天文大潮顶托，不仅城区积水、农田受淹严重，而且出现防汛墙垮塌 15 米和河道堤防受损近 3 万米等危害。

2018 年大气环流异常，西北太平洋台风活跃，7 月下旬至 8 月登陆江浙沪的台风有 4 个，为 1949 年以来最多，其中有 3 个台风直接登陆上海，占 1949 年以来直接登陆上海台风的 60%。目前西北太平洋台风仍然活跃，秋季台风直接侵袭江浙沪的可能性存在，不能排除 11 月上半月台风和冷空气共同影响上海形成大暴雨，同时又正值天文高潮位三碰头极端气候事件的出现，要做好防风雨潮的准备。

三、进博会期间上海长期天气展望

预计秋季赤道中东太平洋将进入厄尔尼诺状态，进博会期间（11 月 1—15 日）欧亚中高纬环流以纬向型为主，东亚大槽偏东，副热带高压强度正常略偏强、位置偏南，西南水汽输送活跃。上海呈现暖湿特征，气温较常年略偏高，雨日略多。11 月上旬冷空气活动偏弱，可能出现阶段性升温，气象条件总体不利于大气污染扩散；上旬后期出现降雨过程的可能性较大，可能出现阶段性阴雨天气。具体预测如下：

气温略偏高。预计进博会期间平均气温为 16℃左右，较常年 15.4℃略偏高（图 4-12），极端最低气温 8~10℃，极端最高气温 24℃左右。气温总体与近 10 年平均相当。

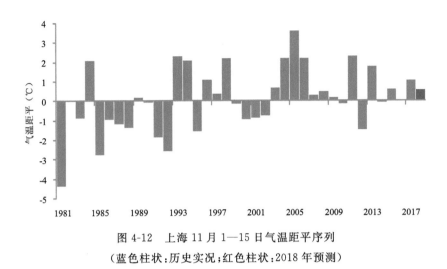

图 4-12　上海 11 月 1—15 日气温距平序列

（蓝色柱状：历史实况；红色柱状：2018 年预测）

降水略多。预计进博会期间降水总量为 25～40 毫米，较常年 29.8 毫米略多（图 4-13），雨日 4～7 天。降水量与近 10 年平均基本持平至略偏多。

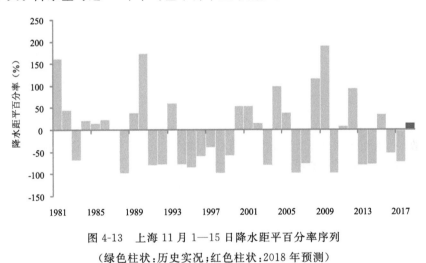

图 4-13　上海 11 月 1—15 日降水距平百分率序列

（绿色柱状：历史实况；红色柱状：2018 年预测）

雾霾潜势。11 月上旬中高纬环流平直，冷空气活动偏弱，易产生静稳天气并维持，出现雾霾。

鉴于进博会期间处于秋、冬过渡季节，天气气候影响因素复杂多变，气象部门将密切监视气候系统和天气气候变化，加强分析研究，及时提供滚动订正预测。

2018年7月22日西藏自治区第十二届运动会
（即应对强降雨过程实战演练）
人工消雨作业效益评估分析及服务总结

刘俊卿　余忠水　益西卓玛　德吉白玛　唐利琴　央金卓玛

（西藏自治区人工影响天气中心　2018年7月23日）

摘要：以西藏自治区第十二届运动会暨第四届民族传统体育运动会开幕式气象保障服务为目的，同时加强应对强降雨过程开展消雨作业进行实战演练，西藏自治区气象局按照运动会组委会要求，组织开展人工消雨作业以减小开幕式期间强降雨天气的不利影响。本文对2018年7月22日受高原低涡影响的强降雨天气的人工消雨作业进行作业效果分析和经验总结。此次作业消雨效果明显，成功保障了开幕式的顺利进行，得到了政府部门和领导的高度肯定。消雨作业的成功实施积极探索了如何成功实施应对强降雨过程的人工消雨作业，其作业效益和服务经验具有一定的代表性，对今后成功开展人工消雨业务具有较好的指导意义。

一、引言

人工增雨和防雹已经在理论上和实践上都被证明，人工消雨作业尚缺乏系统性的研究和试验，作业的难度和风险都比较大。由于高原地区云和降水的自然变化率较大，受地形影响较大，存在很大的不平稳性，使人工影响的环节和强度受到了一定的限制。科学、客观、定量地评价人工影响天气（以下简称人影）作业效果对提高人工影响天气的科学水平、获得社会和公众的支持均具有十分重要的意义。目前随着西藏重大活动日益增多，各级政府和人民对人工消雨作业需求日益凸显。2018年西藏自治区第十二届运动会开幕式处于主汛期，期间出现了较强降水天气。此次人影作业的成功实施积极探索了如何成功实施应对强降雨过程的人工消雨作业，其效益评估和经验总结对今后强降雨天气的人工消雨业务开展具有较好的指导作用。

二、个例分析

（一）作业需求

西藏自治区第十二届运动会暨第四届民族传统体育运动会于7月22日在拉萨市柳梧新区开幕。为保障运动会开幕式顺利进行，并加强应对强降雨过程开展消雨作业实战演练，按照运动会组委会要求，组织开展人工消雨作业以减小开幕式期间强降雨天气的不利影响。**作业过程预报指出：**高原受低涡底部高空槽影响，7月22日拉萨将出现一次较为明显的降雨天气过程,柳梧新区易发生雷电、冰雹和短时强降水等强对流天气。为保障运动会开幕式各项活动顺利进行,西藏自治区气象局为开幕式的顺利开展提供人工消雨气象保障服务。

(二)天气背景分析

2018 年 7 月 22 日拉萨柳梧新区一带受低涡底部高空槽影响。由 CPEFS 云带 3 小时预报和 FY-4 卫星水汽图(图 4-14)可以看出,降水云系自西向东移动,移速约为 25 千米/时,开幕式活动期间水汽条件充足,拉萨柳梧新区开幕式现场易出现较强降雨天气。

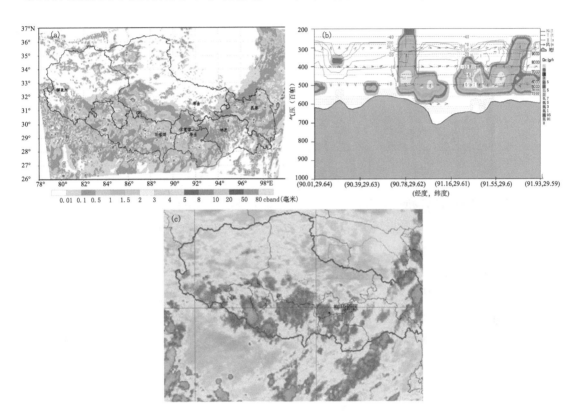

图 4-14　2018 年 7 月 22 日 CPEFS 云预报(a)和云垂直分析(b)以及 18:30 FY-4 卫星水汽(c)图

(三)消雨作业概况

2018 年 7 月 22 日,自治区人影中心联合自治区气象台和拉萨市气象台进行天气会商指出,降水系统从西南方向影响拉萨市区,柳梧新区体育馆附近将出现中到大雨。自治区人影中心分析消雨作业条件发现:22 日拉萨柳梧新区云特征条件较好,易产生较强的降水,对野外消雨保障作业不利。气象服务保障总指挥部根据天气演变趋势和云系移动方向,确定人工消雨作业方案,作业点布设柳梧新区体育馆西和西南方向,在堆龙德庆区德庆乡、曲水县茶巴拉乡、采纳乡、达嘎乡、聂当乡、曲水镇和山南等地作业点实施人工消雨作业(图 4-15);同时预报服务组加强作业条件监测预警,实时分析卫星、雷达监测资料,进行跟踪指挥。自治区人影中心制定具体地面作业方案如下:(1)作业时段为 7 月 22 日 17—23 时;(2)作业高度在地面以上 4000～6000 米;(3)采用冷云催化方式;(4)作业装备采用火箭、高炮装备。

图 4-15　运动会消雨移动作业点布设图

(四)消雨效果分析

7 月 22 日下午,自治区人影中心联合拉萨市气象局、山南市气象局实施人工消雨作业。根据 22 日 17—23 时降水实况(图 4-16),作业后:柳梧新区 6 小时(17—23 时)降水量为 0.4 毫米,演出期间仅出现了 0.2 毫米降水,而活动现场未出现降水。根据作业效果评估规范,作业影响区确定后对比区应选在影响区上游的原则,对比区选择在曲水站点,曲水站 6 小时(17—23 时)降水量为 6.9 毫米,达到中雨的标准(图 4-16 和表 4-13)。消雨作业保障点柳梧新区体育馆附近未出现明显降水,作业效果明显,成功保障了开幕式演出活动的顺利进行。

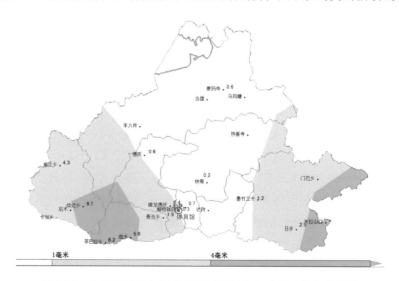

图 4-16　人工消雨作业影响区(柳梧新区)和对比区降水实况图

表 4-13　2018 年 7 月 22 日拉萨市人工消雨作业情况

作业日期 (年-月-日)	作业点	经度	纬度	开始时间	结束时间	用弹量	
						火箭(枚)	高炮(发)
2018-07-22	四组	91°15′20″	29°36′20″	19:37	19:41	4	
2018-07-22	堆龙德庆县德庆乡	90°43′4.24″	29°57′27.98″	19:05	19:10		10
2018-07-22	曲水县茶巴拉	90°32′3″	29°15′51″	19:46	20:00		15
2018-07-22	曲水县才纳乡	90°56′20.04″	29°26′31.56″	19:46	20:00		15
2018-07-22	曲水县才纳乡	90°56′20.04″	29°26′31.56″	20:37	20:40		9
2018-07-22	曲水县达嘎乡	90°39′23.76″	29°20′15″	19:46	20:00		15
2018-07-22	曲水县聂当乡	90°34′54.12″	29°19′51.96″	19:46	20:00		15
2018-07-22	曲水县聂当乡	90°34′54.12″	29°19′51.96″	20:47	20:49		10
2018-07-22	曲水县曲水镇	90°26′25.44″	29°12′36.36″	19:46	20:00		15
2018-07-22	达孜县唐嘎乡	91°34′0.48″	29°50′6.36″	20:08	20:14		8
2018-07-22	二、三组	91°2′57″	29°35′15″	21:12	21:13	4	
2018-07-22	一组	91°2′6″	29°33′17″	21:00	21:03	2	

（五）结论

低涡底部高空槽是影响拉萨降水天气的主要系统,降水天气对野外消雨保障作业产生不利影响。此次人工消雨作业效果显著,主要表现在:(1)针对此次易出现较强降水天气过程,各作业点提前实施连续人工消雨作业,作业后拉萨市柳梧新区上空云系明显减弱,开幕式活动现场未出现降水。(2)作业指挥方面,加强雷达、卫星对天气系统演变的连续性监测,尤其是移动雷达的监测预警,实现了作业条件分析、监测预警和跟踪指挥的实时指挥。(3)野外联合作业组把握作业时机,在合适的作业部位实施消雨作业,作业后消雨效果明显,成功保障了运动会开幕式的顺利进行。

三、经验和不足

对照中国气象局人工影响天气"五段业务流程"分析此次人工消雨作业案例,西藏人影工作经验及存在不足如下:(1)人工消雨作业尚缺乏系统性的研究和试验,作业的难度和风险都比较大。由于高原地区云和降水的自然变化率较大,受地形影响较大,存在很大的不平稳性,使人工影响的环节和强度受到了一定的限制。因此,加强雷达、卫星对天气系统演变的连续性监测,作业指挥方面要加强作业条件分析、监测预警和跟踪指挥;作业实施方面要做好提前准备、随时待命;同时,作业人员也要根据现场天气情况准确判断作业时机。(2)受高原地形影响,在人影作业的有效资料及观测设备雷达探测受限的情况下,加强高空资料、EC 数值预报产品、卫星云图以及国家人影中心发布人影指导共享产品的应用和本地化开发,提高业务指导产品的针对性和可靠性。(3)在地面作业外场作业时,受卫星、天气环流分析、探空等观测的时空分辨率所限,作业时机及条件的判断靠经验分析的情况居多,应加强新资料在不同天气类型不同云系特征及发展演变规律的应用总结,完善高原人影作业概念模型和指标体系。(4)由于缺乏有效观测设备,同时西藏地域广阔、地形复杂,较平原地区,各类数值产品在高原地区的适用性有待进一步检验和提高,导致作业指导产品时空精度不够,跟不上天气形势变化,易错过最佳的作业时机。(5)受限于观测设备、气象资料以及高原地形复杂的影响,一般只靠地面降水的大小分析作业效果,效果评估方法陈旧老化,没有形成一个完善的评估方法体系。

四、今后工作方向

鉴于西藏人影工作的实际情况,今后应加强以下几方面工作:(1)针对西藏高原地形复杂、地域广阔、观测设备和资料单一,应加强西藏人影观测设备的布点以开展有效作业条件监测预警分析,逐步开展不同天气类型不同云系特征及发展演变规律的人工消雨技术总结和基础性研究,完善西藏不同云系人影作业条件的天气分型、概念模型和作业指标体系。(2)根据国家级人影中心基于卫星、雷达、探空等的观测资料反演产品和围绕云降水宏微观结构的监测反演、条件识别和外推预测技术,本地化各类云降水宏微观特征参量产品,发展西藏特色的区级作业条件临近预报预警方法,形成多元资料融合分析技术方法和产品。(3)完善人影探测设备建设部署,在此基础上发展区内动态多物理参量识别和对比分析的作业效果检验技术,形成适用地面的作业过程效果检验技术方法和产品,逐步形成一个完善的评估方法体系。

西藏昌都江达县"11·3"山体滑坡抢险救援气象保障服务分析与思考

孙晓光　卓永　边琼　次珍

（西藏自治区昌都市气象台　2018 年 12 月 17 日）

摘要：对 2018 年"11·3"江达山体滑坡抢险救援气象保障服务分析总结。此次保障服务，气象部门发布多期决策服务信息，基本做到了精准预报、影响预报相结合，期间准确把握了 2 次强降雪降温天气和几次短时过程。结合此次保障服务过程，取得了经验和总结了不足，为今后的服务开展提供了参考。

一、引言

2018 年 11 月 3 日 17 时 40 分，西藏昌都江达县波罗乡白格村原"10·11"山体滑坡点发生再次滑坡并形成堰塞体，堰塞水位依然在不断上涨。事件发生后，昌都市气象局立即行动，11 月 3 日 22 时召开了抢险救灾气象保障服务部署会议，决定成立"11·3"山体滑坡应急保障领导小组，启动抢险气象服务 Ⅱ 级应急响应，全力做好抢险救灾各项工作。

自 11 月 4 日第一批气象应急保障小组到江达至 15 日夜间按指挥部安排最后一批服务保障组撤回昌都市，再到 12 月 5 日，市气象台发布最后一期堰塞湖专题预报为止，昌都市气象部门先后发布堰塞湖专题气象服务 48 期，重要气象报告 2 期（5 日夜间至 7 日降雪过程、15 日夜间至 17 日强降雪过程），预警信号 6 期（强降温 3 期、道路积雪结冰 3 期），短临短信 18 期，汇报 20 余次。准确预报了 6 日夜间江达县降雪过程、7—8 日强降温天气、11 日下午江达县短时降雪、14 日下午江达县零星小雪、15 日夜间至 17 日强降雪降温过程；并根据天气形势，针对交通安全、防寒保暖、飞行安全、堰塞湖湖面运输安全等提出针对性强的建议。市气象部门用出色的气象服务保障了堰塞湖抢险救灾受灾群众安置、应急物资运输和飞行安全工作，为前线指挥部决策部署提供了强有力的气象支撑。期间，以精准、主动、及时的预报服务保障了堰塞湖抢险救灾工作。应急管理部副部长郑国光，自治区副主席、指挥长坚参对气象保障服务工作给予了高度的评价。

二、抢险救援期间天气特征

堰塞湖抢险救援期间，正值昌都市季节交替、环流形式调整期，预报预测难度较大。期间出现两次影响较大的降雪降温天气过程，分别是出现在 11 月 6—8 日和 11 月 15—17 日的强降雪降温天气过程。其中 6—8 日江达县降雪量达 4.7 毫米，雪后降温达 10℃以上。15—17 日江达县过程累计降雪量达 11.2 毫米，雪后降温达 8℃以上。降雪降温天气给应急抢险救援、受灾群众安置等带来极为不利的影响。

三、主要天气过程成因分析

针对"11·3"江达山体滑坡抢险救援期间主要高影响天气过程,选取 11 月 15—17 日天气过程进行简要成因分析。

从 2018 年 11 月 15 日起,在那曲至昌都地区冷暖空气交汇,形成明显的高空辐合区,形成降雪天气,尤其是 16 日 20 时起(图 4-17),辐合区主要位置移动至昌都中北部,江达县处于冷暖空气交汇中心位置,造成此次降雪过程积雪最为集中时段,17 日以后,昌都市上空转为西北气流控制(图 4-18),降雪过程结束。并在南下冷空气和晴空辐射的共同作用下,形成了持续的降温天气。

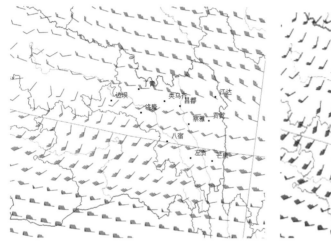 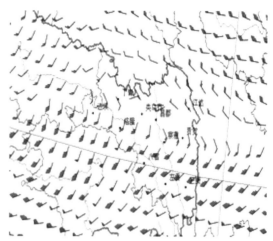

图 4-17　2018 年 11 月 16 日 20 时风场图　　图 4-18　2018 年 11 月 17 日 02 时风场图

四、抢险救灾决策气象服务

针对"11·3"江达山体滑坡气象保障服务,昌都市气象部门上下一心,齐心协力,全力以赴做好决策保障气象服务工作,为抢险救援、受灾安置等提供气象科技支撑。

(1)高影响天气决策服务积极主动,报送信息早。市气象部门工作人员针对可能会出现的对抢险救灾、受灾群众安置形成较大影响的天气进行早关注,重点研判。11 月 5 日,11 月 14 日,市气象台全体预报人员积极会商研判,发布两期重要气象报告,分别预报"6 日下午至 7 日上午我市阴有小到中雪,卡若区、丁青、类乌齐、边坝、洛隆、江达、贡觉、察雅等地高海拔乡镇有中到大雪,雪后伴有 5~7℃的降温""15 日夜间至 17 日卡若区、丁青、类乌齐、边坝、洛隆、江达等地有中雪,上述高海拔山区有中到大雪;八宿、贡觉、察雅左贡、芒康有小到中雪;18 日降雪趋于结束,雪后伴有 3~5℃的降温",并通过各类发布方式报送市委、市政府、应急办、现场指挥部、江达县等相关部门。力争做到气象预报信息的提前量,为决策部门充分部署留足时间。

(2)加强天气监测,强化预警发布。为更好地监视天气变化,为抢险救灾、受灾安置提供科学依据。保障服务期间,市局带班领导、市气象台、大探中心等值班人员进入 24 小时值班状态,市气象台严密监视天气变化,强化预报会商,6 日市气象局发布强降温蓝色预警,强调道路积雪结冰对抢险救灾、交通运输、安置工作有不利影响。16—17 日,市气象局连续发布强降温蓝色预警、道路结冰黄色预警,再次强调道路积雪结冰对抢险救灾、交通运输、安置工作有不利影响。

(3)强化天气会商,抓住微弱过程。短时临近天气预报是天气预报和气象服务中的难点,关乎气象部门的形象。此次应急气象保障服务期间,预报人员抓细节,细致分析每一张天气图、卫星云图,并结合地面观测人员经验,准确把握了 11 日下午江达县短时降雪、14 日下午江达县零星小雪过程,并及时通过短信方式发布给相关决策者,提高了服务精准程度,提升了气象部门形象。

五、存在的不足与改进方向

此次气象应急保障服务工作中,气象部门发布了多期服务信息,得到了各级政府、领导的高度评价,其中应急管理部副部长郑国光,自治区副主席、指挥长坚参对气象保障服务工作给予了高度的评价,昌都市市委书记阿布在市局呈报的重要报告上作出了重要批示,昌都市应急管理办公室、中国人民解放军 32166 部队场站分别致感谢信对此次气象服务工作表示满意。总体来说,气象服务工作取得极好的成效,取得了一些经验:一是天气预报准确率的提升离不开多源数据的应用,卫星云图、数值预报、观测资料的综合考虑能极大提升短时临近预报的准确性;二是服务的针对性是保障服务的关键,此次保障服务突出的一点就是服务的针对性,考虑天气可能对抢险救灾造成的各种影响,才能把握服务的针对性;三是严密的组织领导是开展工作的前提,只有组织领导到位,才能使所有工作人员各司其职,密切配合,共同完成好保障任务。

同时,也存在着明显的不足,最为突出的首先是预报服务的敏感性依然不够强,专业考量多,服务重心和决策部门需求仍有差距,需要继续开拓思路,从决策要点出发,做针对性服务;其次是现阶段气象部门信息发布渠道少、信息覆盖面窄仍是最为关键的薄弱环节,需要大力加强信息发布能力建设。

第五篇

防灾减灾体系建设及其他

重庆市 18 个深度贫困乡镇太阳能资源评估报告

张芬　李永华　孙佳

（重庆市气候中心　2018 年 12 月 13 日）

摘要：利用 NASA 美国太空总署气象数据库辐射资料，结合重庆沙坪坝气象站辐射观测数据，评估了重庆市 18 个深度贫困乡镇的太阳能资源状况，计算了光伏扶贫项目年发电收益（未考虑投入成本），结果表明：18 个深度贫困乡镇年太阳辐射在 2919.9～3772.3 兆焦耳/平方米，年峰值日照时数在 809.5～1045.8 小时；若农户安装 5 千瓦的分布式光伏发电系统，采用"自发自用，余电上网"方式，每户年收益可达 3117.3～4027.3 元，其中城口沿河乡最大；若建立 300 千瓦的村级集中式光伏扶贫电站（即每村集中建站），各贫困乡镇年收益为 36.7 万～427.5 万元，其中万州龙驹镇最大。

一、资料与技术指标说明

（一）资料来源与处理

NASA 美国太空总署气象数据库能够获取任一地点的辐射数据，很早就广泛地应用在我国光伏项目设计中。本报告利用 NASA 美国太空总署气象数据库辐射资料（来源：NASA GEWEX/SRB Release 3.0；网址：http://gewex-srb.larc.nasa.gov)作为基础资料评估重庆市 18 个深度贫困乡镇（图 5-1）的太阳能资源状况，为各贫困乡镇太阳能资源利用提供科学支撑。

图 5-1　重庆市 18 个深度贫困乡镇分布图

利用同期重庆沙坪坝气象站的月太阳总辐射实测数据对 NASA 辐射资料进行验证,验证结果表明:NASA 提供的遥感反演的月太阳总辐射值偏大于站点实测值,但二者存在很好的相关性,且年内变化规律非常近似(图 5-2)。NASA 提供的遥感反演的辐射数据空间刻画能力很强,本报告通过站点实测数据对其进行有效订正($y = 0.866x + 110.71$;y 为 NASA 月太阳总辐射遥感反演值,x 为沙坪坝站月太阳总辐射实测值),利用订正后的 NASA 辐射数据对没有辐射观测的任一地点进行太阳能资源评估。

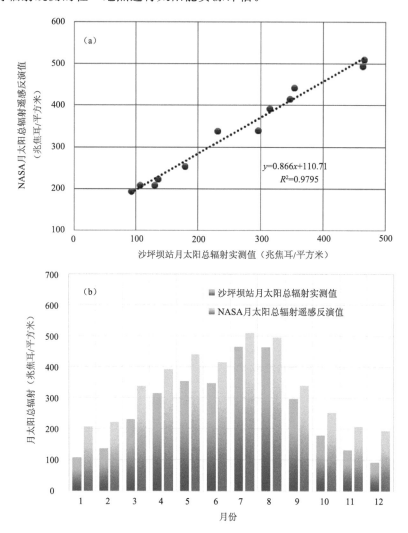

图 5-2　沙坪坝站月太阳总辐射实测值与 NASA 月太阳总辐射遥感反演值对比

(a)实测值和反演值相关关系;(b)月太阳总辐射值年内分布

(二)光伏参数计算

(1)峰值日照时数

光伏电池的年发电量除与太阳辐射量有关外,还与峰值日照时数有关。峰值日照时数是指一段时间内的太阳辐照度累计总量换算成辐照度为 1000 瓦/平方米的光源所持续照射

的时长,其单位为小时。年峰值日照时数计算公式:

$$D_T = y \times 0.0116$$

式中,D_T 为年峰值日照时数(小时),y 为年太阳总辐射(卡/平方厘米)。注:太阳辐射量单位 1 兆焦耳/平方米 = 23.9 卡/平方厘米,1(千瓦·时)/平方米 = 3.6 兆焦耳/平方米。

(2)年发电量

太阳能光伏电池阵列的总功率是由辐射参数和负载确定的,并网型光伏电池的年输出功率与太阳能阵列输出的峰值功率转换成交流功率的总效率有关,计算太阳能光伏发电系统的年发电量公式为:

$$H_y = W\eta D_T(y) \times 10^{-3}$$

式中,H_y 为年有效发电量(千瓦·时);W 为太阳能光伏发电系统总的峰值功率;η 为太阳能阵列输出的峰值功率转换成交流功率的总效率,取 0.87;$D_T(y)$ 为年峰值日照时数(h)。注:电量单位 1 千兆瓦·时 = 10^3 MWh = 10^6 千瓦·时,1 千瓦·时即一度电。

(3)装机容量

光伏电站装机容量是指系统中所有太阳能电池组件的峰值功率之和。以单晶硅电池 APM72M240W196 为例(单个安装的占地面积为 4.46 平方米,峰值功率为 240Wp):

$$C_P = \frac{A_{total}}{A_{battery}} \times W$$

式中,C_p 为光伏电站装机容量(Wp),A_{total} 为可装光伏电池面积(平方米),$A_{battery}$ 为单个光伏电池的安装面积(平方米),W 为光伏电池的峰值功率。注:峰值功率单位 1GWp = 10^3 MWp = 10^6 kWp = 10^9 Wp(W 为功率单位,p 表示峰值)。

(三)光伏发电收益测算

家庭光伏发电接入电网的模式有三种:全部自发自用(所发电量全部自己用);自发自用,余电上网(优先自己用,多余的卖给电网公司);全部上网(所发电量全部卖给电网公司)。家庭光伏发电收益主要涉及补贴收益、节省电费收益和卖电收益。根据三种不同接入电网模式,收益计算的方法如下:

(1)全部自发自用

全部自发自用收益 = (当地电价 + 分布式光伏扶贫项目发电度电补贴) × 全部发电量

(2)自发自用余电上网

自发自用余电上网收益 = (当地电价 × 自发自用的电量) + (重庆境内燃煤发电标杆上网电价 × 上网电量) + (分布式光伏扶贫项目发电度电补贴 × 全部发电量)

(3)全部上网

全部上网收益 = 村级光伏扶贫电站标杆上网电价 × 全部发电量

按照《国家发展改革委关于 2018 年光伏发电项目价格政策的通知》(发改价格规〔2017〕2196 号)有关规定,重庆属于Ⅲ类资源地区,村级光伏扶贫电站标杆上网电价为 0.85 元/(千瓦·时),分布式光伏扶贫项目发电度电补贴标准为 0.42 元/(千瓦·时)。2018 年 5 月

31日,《国家发展改革委 财政部 国家能源局关于2018年光伏发电有关事项的通知》(发改能源〔2018〕823号)发布,规定了符合国家政策的村级光伏扶贫电站(0.5兆瓦及以下)标杆电价保持不变,户用分布式光伏扶贫项目度电补贴标准不变。

因此,在三种模式的光伏发电收益计算过程中,当地电价为0.52元/(千瓦·时),分布式光伏扶贫项目发电度电补贴为0.42元/(千瓦·时),重庆境内燃煤发电标杆上网电价为0.3964元/(千瓦·时),村级光伏扶贫电站标杆上网电价为0.85元/(千瓦·时)。

二、评估结果

(一)太阳能资源丰富程度评估

依据气象行业标准《太阳能资源评估方法》(QX/T 89—2008),太阳总辐射年总量<3780兆焦耳/平方米的地区属于太阳能资源一般地区。18个深度贫困乡镇年太阳总辐射在2919.9~3772.3兆焦耳/平方米变化,年峰值日照时数处于809.5~1045.8小时。18个深度贫困乡镇太阳能资源一般,城口沿河乡的太阳能资源状况相对最好,秀山隘口镇的太阳能资源状况相对最差(图5-3)。

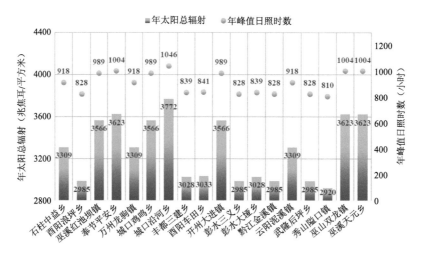

图5-3 重庆市18个深度贫困乡镇年太阳总辐射和年峰值日照时数分布

(二)户用分布式光伏扶贫电站发电收益评估

根据《国家能源局 国务院扶贫办关于印发〈光伏扶贫电站管理办法〉的通知》(国能发新能〔2018〕29号)有关规定,村级扶贫电站规模根据帮扶的贫困户数量按户均5千瓦左右配置,最大不超过7千瓦。本报告以贫困户安装5千瓦的分布式光伏发电系统为例(不考虑建站成本),如表5-1,如采用所发电量"全部自用"的方式,每户年收益为3336.6~4310.7元;如采用"自发自用,余电上网"的方式(以50%自用50%上网为例),每户年收益为3117.3~4027.3元;如采用"全部上网"的方式,每户年收益为3017.2~3897.9元。其中,城口沿河乡农户年收益最大,秀山隘口镇农户年收益最小。

表 5-1   户用分布式光伏扶贫电站年发电收益评估结果

乡镇	年太阳总辐射（兆焦耳/平方米）	年峰值日照时数（小时）	年发电量（千瓦·时）	全部自发自用年收益（元）	自发自用余电上网年收益（元）	全部上网年收益（元）
石柱中益乡	3309.5	917.5	4023.2	3781.8	3533.1	3419.7
酉阳浪坪乡	2985.0	827.5	3628.6	3410.9	3186.7	3084.3
巫溪红池坝镇	3565.5	988.5	4334.4	4074.3	3806.5	3684.2
奉节平安乡	3623.2	1004.5	4404.5	4140.2	3868.0	3743.8
万州龙驹镇	3309.5	917.5	4023.2	3781.8	3533.1	3419.7
城口鸡鸣乡	3565.5	988.5	4334.4	4074.3	3806.5	3684.2
城口沿河乡	3772.3	1045.8	4585.8	4310.7	4027.3	3897.9
丰都三建乡	3027.9	839.5	3680.8	3460.0	3232.5	3128.7
酉阳车田乡	3033.0	840.9	3687.1	3465.9	3238.0	3134.0
开州大进镇	3565.5	988.5	4334.4	4074.3	3806.5	3684.2
彭水三义乡	2985.0	827.5	3628.6	3410.9	3186.7	3084.3
彭水大垭乡	3027.9	839.5	3680.8	3460.0	3232.5	3128.7
黔江金溪镇	2985.0	827.5	3628.6	3410.9	3186.7	3084.3
云阳泥溪镇	3309.5	917.5	4023.2	3781.8	3533.1	3419.7
武隆后坪乡	2985.0	827.5	3628.6	3410.9	3186.7	3084.3
秀山隘口镇	2919.9	809.5	3549.6	3336.6	3117.3	3017.2
巫山双龙镇	3623.2	1004.5	4404.5	4140.2	3868.0	3743.8
巫溪天元乡	3623.2	1004.5	4404.5	4140.2	3868.0	3743.8

(三)村级集中式光伏扶贫电站发电收益评估

村级光伏扶贫电站是指在具备光照、资金、土地、接网、消纳等条件的建档立卡贫困村建设,且纳入国家光伏扶贫计划的电站。根据《国家能源局 国务院扶贫办关于印发〈光伏扶贫电站管理办法〉的通知》(国能发新能〔2018〕29 号)有关规定,单个村级光伏扶贫电站规模原则上不超过 300 千瓦,具备就近接入和消纳条件的可放宽至 500 千瓦。

本报告以建立 300 千瓦的村级光伏扶贫电站为例,在不考虑建站成本的情况下,计算了18 个深度贫困乡镇所能建设的村级光伏扶贫电站所发电量全部上网的年发电收益。如表5-2,18 个深度贫困乡镇年发电收益为 36.7 万～427.5 万元,万州龙驹镇年收益最大,酉阳浪坪乡年收益最小;18 个深度贫困乡镇包含了 114 个贫困村,总装机容量为 34.2 MWp,年总发电量为 27.6 GWh,年总发电收益为 2344.4 万元。

表 5-2   村级集中式光伏扶贫电站年发电收益评估结果

乡镇	贫困村数	装机容量(MWp)	年发电量(GWh)	年收益(万元)
石柱中益乡	4	1.2	1.0	81.4
酉阳浪坪乡	2	0.6	0.4	36.7

续表

乡镇	贫困村数	装机容量(MWp)	年发电量(GWh)	年收益(万元)
巫溪红池坝镇	9	2.7	2.3	197.4
奉节平安乡	6	1.8	1.6	133.7
万州龙驹镇	21	6.3	5.0	427.5
城口鸡鸣乡	3	0.9	0.8	65.8
城口沿河乡	3	0.9	0.8	69.6
丰都三建乡	6	1.8	1.3	111.7
酉阳车田乡	3	0.9	0.7	56.0
开州大进镇	12	3.6	3.1	263.2
彭水三义乡	3	0.9	0.6	55.1
彭水大垭乡	2	0.6	0.4	37.2
黔江金溪镇	8	2.4	1.7	146.9
云阳泥溪镇	7	2.1	1.7	142.5
武隆后坪乡	4	1.2	0.9	73.4
秀山隘口镇	5	1.5	1.1	89.8
巫山双龙镇	10	3.0	2.6	222.8
巫溪天元乡	6	1.8	1.6	133.7
合计	114	34.2	27.6	2344.4

三、建议

(1)探索光伏扶贫项目新模式,加强精准脱贫政策机制研究创新。通过竞争的方式配置集中式光伏电站项目,优化光伏发电项目建设、提高利用率。建立光伏发电监测和信息优化调度系统,在光伏并网运行、电网调度管理上有所提升,为消纳可再生能源创造条件,多渠道拓展本地消纳。加强光伏并网运行及市场交易等方面的监管工作。研究出台相关政策机制,进一步明确建设规模管理和分布式发展的相关要求,建立可再生能源消纳利用的长效机制。

(2)科学做好重庆市各区县光伏产业规划和实施计划,强化精准光伏发电服务。由扶贫办、发展改革委(能源办)牵头,会同气象、国土、林业、电网等有关部门,依据全市确定的建档立卡贫困人口数量及分布、光伏建设条件、电网接入及消纳等状况,科学制定光伏扶贫规划和实施计划。在光伏扶贫项目具体实施前,由气象、电网等有关部门协同做好项目的可行性论证工作。在光伏扶贫项目实施过程中,由气象部门提供科学的光伏发电解决方案,充分考虑太阳辐照强度、气温、相对湿度、风、天气类型等的影响,利用最优气象条件,精准提升光能利用率。

(3)在满足日照条件的适宜贫困地区推广光伏发电扶贫,着力加大深度贫困地区政策倾斜力度。光伏发电符合国家清洁低碳能源发展战略,光伏发电投入产出比高于农村一般项目收益,重庆市潜力巨大,尤其是在缺乏稳定增收产业、光照资源好的贫困地区,可以贫困村村级光伏电站建设为重点,有序推进光伏扶贫。建议今后将《重庆市扶贫开发办公室重庆市能源局关于"十三五"光伏扶贫计划编制有关事项的通知》(渝扶办发〔2017〕83号)中"年日照时间在1200小时以上"这一光伏扶贫标准调整为"年日照时间在1000小时以上",同时着力加大深度贫困地区政策倾斜力度。

名词解释:

(1)太阳辐照度:是指太阳辐射经过大气层的吸收、散射、反射等作用后到达固体地球表面上单位面积单位时间内的辐射能量,其单位为:瓦/平方米。太阳的辐射强度、光谱特性是随着气象条件的变化而发生改变的。太阳辐射量与一天中的太阳位置高度,光伏电站的地理纬度、海拔高度,以及当地的大气质量、日照时间长短等因素有关。

(2)日照时数:指一天内太阳直射光线照射地面的时间,是太阳在一地实际照射的时数。在给定时间内,日照时数定义为太阳直接辐照度达到或超过120瓦/平方米的各段时间的总和,以小时为单位。

(3)峰值日照时数:是将当地的太阳辐射量,折算成标准测试条件(辐照度1000瓦/平方米)下的小时数。给定地点的峰值日照小时数是通过确定白天获得的总辐射再除以1000瓦/平方米计算得到的。例如,某地某天的日照时间是8.5小时,但不可能在这8.5小时中太阳的辐照度都是1000瓦/平方米,而是从弱到强再从强到弱变化的,若测得这天累计的太阳辐射量是3600瓦/平方米,则这天的峰值日照时数就是3.6小时。

我国因大雾引发交通事故现状分析与防御建议

杨晓丹　李蔼恂　郜婧婧

（中国气象局公共气象服务中心　2018 年 11 月 21 日）

摘要：春季、秋季和冬季均是雾（团雾）高发季节，对高速公路交通运行会产生一定的影响。华北、华东、西南地区东部是因雾发生高速公路阻断的易发区，受雾影响发生的阻断主要出现在冬季，其次是秋季和春季。为加强高速公路雾的实时监测和快速收集，需加强交通气象站网的布设，研发高时空分辨率的公路交通雾监测产品，建立气象、交管多部门协同会商工作机制，积极开展全国高速公路气象灾害风险预警服务。

一、全国大雾（团雾）季节和地域分布特征

大雾是引发公路交通阻断和交通事故的主要灾害性天气之一。从全国两千多个国家气象观测站多年低能见度（能见度小于等于 500 米）平均发生日数分析结果来看，全国大部分地区的平均低能见度大于 200 米，尤其在我国北方和西部的大部地区低能见度出现的年平均日数小于 5 天，对高速公路交通运行稍有影响；华北南部、华东、华中部分地区以及四川盆地等地年均低能见度日数在 10～15 天，局部地区会出现 15～25 天，对高速公路交通运行会产生一定的影响；四川盆地、重庆、贵州北部、云南南部、江西东部、福建西北部等地是大雾的高发地区，对高速公路交通运行有较大影响。

团雾具有局地性、突发性强的特点，极易造成公路交通安全事故。根据公安部交管局统计，2017 年全国高速公路团雾高发路段 2955 处。其中，东北地区南部、华北南部、黄淮、江淮、江南、华南北部、西南地区东部等地的公路沿线易发生团雾。从季节分布来看，春季、秋季和冬季均是团雾高发季节，冬季团雾易发路段见图 5-4。易发区域的分布与全年分布较为一致；夏、秋季发生团雾的次数较少，主要发生在福建北部、四川盆地西南部、云南中北部等地。

二、2016—2017 年全国高速公路因雾阻断的次数明显增多，华北、华东、西南地区东部是因雾发生高速公路阻断的易发区

通过与交通运输部共享的 2014—2017 年全国高速公路因雾阻断数据来看，与 2014 和 2015 年相比，2016—2017 年全国高速公路因雾阻断的次数明显增多，其中 2016 年阻断次数达到 3900 多次。

因大雾造成的公路阻断主要集中在华北、华东、华中、江南、西南地区东部等地，特别是河南、江西、江苏、山西等地是高速公路因雾发生阻断的高发地区，平均每年因雾发生阻断的次数超过 200 次。

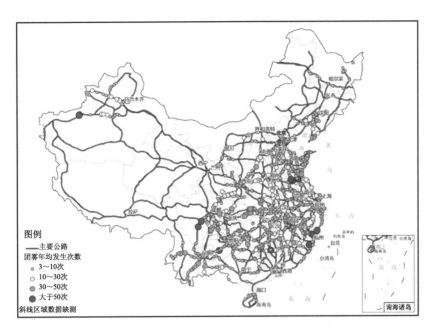

图 5-4   全国高速公路冬季团雾易发路段分布图

从季节分布来看,冬季是高速公路受雾影响发生阻断的高发季节,其次是秋季和春季,夏季因雾发生阻断的次数很少。

三、近年因大雾引发交通事故导致重大人员伤亡事件

以下为 2012 年以来因雾(团雾)引发的重大交通事故(信息来源于互联网):

(1)2012 年 2 月 11 日 09 时 25 分至 10 时 20 分,受局部大雾天气影响,京沪高速(G2)山东苍山段 213～217 千米接连发生 21 起交通事故,导致 47 辆过往车辆发生碰撞惨烈事故,造成 5 人死亡,6 人受伤。

(2)2012 年 4 月 15 日 05 时 40 分左右,沈海高速(G15)汾灌段因为突降大雾,32 辆车发生 7 起追尾、碰撞交通事故,造成 12 人死亡,31 人受伤,其中 2 人伤情较重。

(3)2012 年 6 月 3 日 05 时许,沈海高速(G15)江苏省盐城开发区段因团雾导致引发 7 起共约 60 辆机动车追尾事故,导致 19 辆机动车受损,11 人死亡,30 多人受伤,其中 5 人重伤。

(4)2016 年 11 月 6 日 06 时左右,申嘉湖高速(S32)上海段往浦东机场方向约 17 千米处因团雾引发多车追尾,事故共造成 9 死 43 伤。

(5)2017 年 11 月 15 日 07 时 45 分许,滁新高速(S12)安徽合肥方向距颍上服务区 2 千米处因团雾引发多点多车交通事故,导致交通堵塞 3～4 千米,70 多辆车连环相撞,部分车辆起火,事故共造成 18 人死亡,21 人受伤。

四、全国高速公路大雾监测现状及存在的问题

截至 2017 年,全国有能见度要素监测的交通气象监测站约 1199 个。但站点分布不均,

中东部地区站点较为密集,基本形成了高速公路雾监测网,实现了对雾的实时监测与快速收集;而东北和西部的大部地区交通气象站分布稀疏,特别是大雾(团雾)易发区的站点覆盖严重不足(图 5-5)。

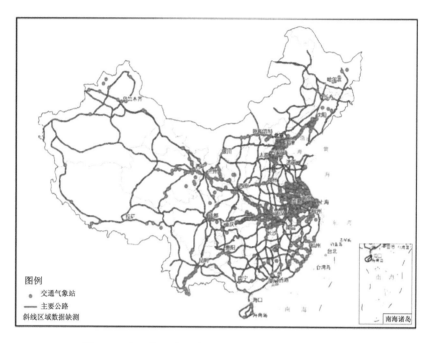

图 5-5　全国能见度要素公路交通气象监测站分布图

五、未来大雾监测和交通气象服务发展、大雾灾害防御建议

(1)加强交通气象站网的布设,提高大雾(团雾)交通气象监测预警能力。尤其团雾范围小、突发性高、局地性强,通过加密监测、及时预警。

(2)应用多源数据融合和空间分析技术,研发高时空分辨率的公路交通雾监测产品。同时,通过部门合作获取公路沿线的交通视频数据反演道路天气,进一步弥补交通沿线观测资料的不足。

(3)加强与交管部门合作,建设全国一体、各级共用、部门联动的公路气象灾害风险预警平台,辅助识别交通天气风险,建立气象、交管多部门协同会商工作机制,开展全国高速公路气象灾害风险预警服务。

近日我国强浓雾引发交通事故的分析及防御建议

孙瑾　王维国　张立生　张永恒　王冠岚

（国家气象中心　2018 年 11 月 22 日）

摘要：2018 年 11 月 18—20 日，河南、山东、安徽、江苏等地出现较大范围大雾天气，部分地区出现强浓雾或特强浓雾。河南、山东部分高速路段因浓雾引发交通事故，造成重大人员伤亡和财产损失。我国大雾多发生于秋、冬季节，团雾是大雾的一种，具有突发性更强、能见度更低的特点，对交通的危害性更大，近年因强浓雾（团雾）已造成多起重大交通事故。当前，我国已进入大雾多发季节，为减少大雾灾害，建议加强高速公路观测站网的建设，加强团雾机理研究，建立健全气象与交通部门深化合作和信息共享机制。

一、11 月 18—20 日河南、山东等地大雾引发交通事故

气象监测显示，11 月 18 日夜间至 19 日上午、19 日夜间至 20 日上午，河南、山东、安徽、江苏等地出现较大范围能见度小于 1000 米的大雾天气，其中河南东部和南部、山东西南部、安徽中北部、江苏中北部等地部分时段出现能见度不足 200 米的强浓雾，局地出现能见度不足 50 米的特强浓雾。据新华网报道，19 日 07 时许，大广高速河南驻马店段因突发团雾导致 2000 米内发生 3 起交通事故，共 28 辆车发生追尾，造成 9 人死亡；19 日 09 时许，京台高速山东宁阳段连续发生 4 起交通事故，涉及 16 辆车，造成 1 人重伤。接连发生的因浓雾引发的交通事故，造成重大人员伤亡和财产损失，引起了社会和舆论的广泛关注。

针对此次大雾天气过程，中央气象台 18 日 18 时发布大雾预报，19—20 日连续发布 3 期大雾黄色预警；上述地区气象部门均及时发布了大雾预警信号。

二、我国强浓雾特征及对交通的影响

（一）我国强浓雾时空分布特征

我国大雾（能见度低于 1000 米）天气多发生于秋、冬季节，主要发生在 11 月至次年 2 月，并呈东部多、西部少的分布特点。据近 10 年气象资料分析，秋、冬季强浓雾（能见度低于 200 米）超过 5 天的区域主要分布在华北中南部、黄淮、江淮、江南北部、四川盆地及云南南部等地（图 5-6），其中河北东南部、山东西部、河南东部、江苏北部、安徽南部、福建中部及四川盆地、云南南部等地超过 10 天。上述地区大部均是我国经济活跃、人口众多、交通路网分布密集的区域。

（二）团雾特点及对交通的影响

团雾是大雾的一种，高发时段是 22 时至次日 08 时，尤以 06—08 时影响最大。团雾通

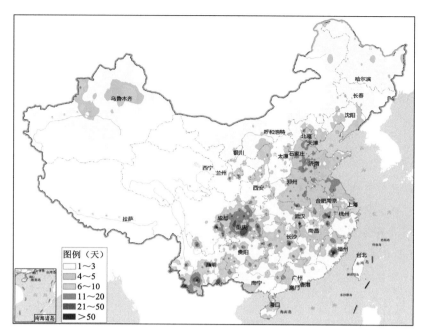

图 5-6　秋、冬季强浓雾日数分布图（2008—2017 年平均）

常出现在数十米到上百米的局部范围内，主要由局地的地理环境和气象条件导致，具有突发性更强、能见度更低的特点，因此团雾对交通的危害性更大，被称为"高速路上的杀手"。据公安部交管局 11 月 14 日发布的报告显示，全国年均发生 3 次以上团雾的高速公路路段共计 3188 处（图 5-7），主要分布在四川盆地及中东部地区，其中年均发生 10 次以上团雾的高速路段以湖南和四川最多，山东、湖北、福建、山西等省也较多。

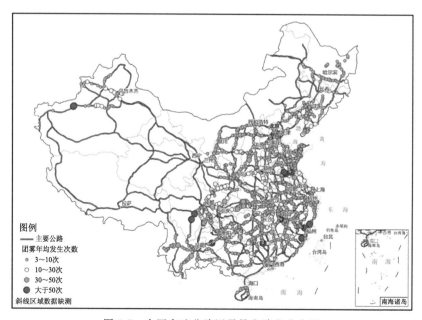

图 5-7　全国高速公路团雾易发路段分布图

近年因强浓雾(团雾)造成重大交通事故的部分事例见表 5-3。

表 5-3　近年来大雾(团雾)引发重大交通事故事例

序号	时　　间	灾害地点	事故情况
1	2012 年 2 月 11 日 09 时 25 分至 10 时 20 分	京沪高速山东苍山段	21 起交通事故,47 辆车发生碰撞,造成 5 人死亡
2	2012 年 4 月 15 日 05 时 40 分	沈海高速江苏连云港段	32 辆车发生 7 起追尾、碰撞交通事故,造成 12 人死亡
3	2013 年 1 月 25 日	沪渝高速公路安徽芜湖段	4 车发生追尾,造成 8 人死亡
4	2013 年 11 月 22 日	沪陕高速安徽合六叶段	多车追尾,造成 5 死 80 伤,11 辆车被焚毁,1 辆天然气罐车泄漏
5	2016 年 11 月 6 日 06 时	申嘉湖高速上海段	多车追尾,造成 9 人死亡
6	2017 年 11 月 15 日 07 时 45 分	滁新高速安徽合肥方向距颍上服务区 2000 米处	70 多辆车连环相撞,造成 18 人死亡
7	2018 年 11 月 19 日 07 时	大广高速河南驻马店段	28 辆大货车连环相撞,造成 9 人死亡

三、2018 年冬我国大雾趋势预测及大雾灾害防御建议

预计 11 月底前,河北东南部、山东、江苏大部、安徽北部、河南东南部及四川盆地中东部等地仍将有大雾天气,主要出现时段在 24—26 日的夜间至上午,26 日早晨最为严重,上述局地有能见度不足 50 米的特强浓雾。2018 年冬季(2018 年 12 月至 2019 年 2 月),东北地区南部、华北南部及其以南的大部地区、西南地区东部和南部以及新疆沿天山一带等地大雾日数有 5～10 天,其中江南、华南东部、西南地区东部和南部等地大雾日数在 10 天以上。气象部门将进一步加强大雾监测和预报预警,做好交通气象保障服务工作,通过短信、电话、网页、显示屏、手机客户端等多种方式精准扩展交通气象服务的范围和对象。

目前,我国已进入大雾多发季节,为加强灾害防御,建议:

(一)加强高速公路观测站网的建设

重点完善高速公路沿线综合监测站点的布设,包括能见度、降水、路面结冰、车流密度等信息,以解决大雾(团雾)易发区监测能力不足的问题,提高高影响天气的监测、预警能力。例如江苏省气象局与高速公路管理部门联合,自 1998 年起在沪宁高速沿线布设了高密度交通气象监测站,江苏省气象局也成立了以交通气象为特色的专业研究所,为交通部门提供全天候、针对性强的交通气象监测与预报预警服务,从而降低了因强浓雾引发交通事故的频率,特别是因团雾导致的重大交通事故。

(二)加强团雾机理研究,提升科技支撑能力和水平

目前气象部门对区域性大雾和影响时段的预报较为准确,但对局地性、突发性团雾的发生机理和预报预警技术方法的支撑不足,需进一步加大对团雾生成规律和发展机理研

究的科研项目的支持力度,同时开展道路交通气象预报预警、影响评估等方面的关键技术研发。

(三)建立健全气象与交通部门深化合作和信息共享机制

搭建气象、交通部门的数据信息共享平台,实现气象、交通等数据快速共享;建设全国一体、各级共用、部门联动的公路气象灾害风险预警平台,开展全国高速公路气象灾害风险预警服务;建立相关部门共同参与的高影响天气协同会商和应急响应机制。

白格堰塞湖灾区气候特点及救灾对策建议

汪丽　冯汉中　青泉　马振峰　郭善云

（四川省气象台　2018 年 10 月 13 日）

摘要：2018 年 10 月 11 日 07 时 10 分，西藏自治区江达县波罗乡境内发生山体滑坡，造成金沙江断流并形成白格堰塞湖，对灾害点上游的德格县，下游的白玉、巴塘、得荣等县造成威胁，分析历史气候特点及未来天气趋势，对抢险救灾工作意义重大。

灾区周边具有海拔高、雨雪天气多、最低气温低、平均风速较小的特点。预计未来灾区有雨雪天气，最低气温低，对抢险救援和转移安置群众的生产生活带来不利影响，建议：(1)加强二次滑坡风险防控。(2)强化救援安全措施。(3)做好安置点人员越冬保暖工作。

一、灾区历史气候背景

灾害发生前 10 天白玉县累计降水量 39 毫米，较常年偏多 1.2 倍，降雨日数 8 天。平均气温 8.6℃，较历史同期偏低 1.8℃。

白格堰塞湖周边县气候特点：

一是海拔高。灾区周边的德格、白玉、巴塘、得荣的海拔高度在 2500～3200 米。二是雨雪天气多。月平均降水量 12～35 毫米，但历史曾出现日最大降水量 75 毫米的极值。三是最低气温低。冬季气温日较差大，出现雪灾、低温冻害天气，历史极端最低气温分别为－20.7℃、－19.1℃、－12.8℃、－8.9℃（表 5-4 和表 5-5）。四是平均风速较小，有利抢险救援工作。

二、未来天气预报

预计：14 日至月底灾区有 2 次天气过程。14—15 日有阵雨(雪)；19—23 日有明显降温降雨(雪)天气过程，降水量 3～8 毫米，白玉最低气温将下降至 0～2℃。

11 月，得荣、巴塘、白玉、德格四县气温偏高 0.5℃ 左右，降水量偏少 1 成左右。

三、对策建议

(1)加强二次滑坡风险防控。未来气温将逐渐降低，仍将有雨雪天气，原滑坡山体再次出现裂痕，极易再次出现地质灾害风险。

(2)强化救援安全措施。雨雪时高海拔路段易出现道路结冰、能见度低，一方面要注意直升机、救援车辆交通安全保障，另一方面要加快堰塞湖隐患排除工程的施工进度。

（3）做好安置点人员越冬保暖工作。进入冬季最低气温偏低，要做好救灾安置点及抢险救灾队伍防寒保暖工作，并及时关注当地气象台站发布的天气预报信息。

表 5-4 灾害周边县历史极端最低气温

气象站	历史极端最低气温(℃)	10月极端最低气温(℃)	11月极端最低气温(℃)	12月极端最低气温(℃)	1月极端最低气温(℃)	2月极端最低气温(℃)
德格	-20.7	-8.7	-14.7	-20.7	-19.9	-17.6
白玉	-19.1	-9.0	-14.2	-18.6	-19.1	-15.9
巴塘	-12.8	-4.0	-10.0	-12.6	-12.8	-9.8
得荣	-8.9	1.3	-5.2	-7.7	-8.9	-5.7

表 5-5 灾害周边县气温、降水量、风速历史状况

要素	站名	10月	11月	12月	1月	2月	3月	4月
月平均最高气温(℃)	巴塘	22.6	17.9	14.1	14	16.4	19.2	22.3
	德格	16.1	11.5	7.9	7.6	9.5	12.5	15.8
	白玉	18.4	13.7	9.7	9.6	11.9	14.8	18.0
	得荣	23.6	18.9	15.3	14.8	16.9	19.4	22.6
月平均最低气温(℃)	巴塘	6.4	0.4	-3.3	-3.1	-0.2	3.5	6.5
	德格	1.4	-4.9	-8.9	-8.9	-6.2	-2.4	1.0
	白玉	1.9	-5.0	-9.4	-9.2	-6.1	-1.9	1.7
	得荣	9.7	3.6	-0.4	-0.6	1.8	5.4	9.0
月平均降水量(毫米)	巴塘	22.6	4.0	0.5	0.1	1.3	6.5	20.1
	德格	35.1	6.0	1.6	1.6	4.1	13.9	27.6
	白玉	32.5	4.1	1.1	1.3	2.9	13.0	31.5
	得荣	12.1	4.1	0.6	1.0	1.7	5.1	7.1
最大日降水量(毫米)	巴塘	75.2	24.4	9.5	2.6	8.0	17.6	90.5
	德格	75.6	39.4	7.6	8.5	20.3	42.7	60.5
	白玉	69.5	12.5	8.8	6.9	11.2	44.4	76.5
	得荣	50.0	41.8	6.2	7.1	13.6	37.0	32.0
月平均风速(米/秒)	巴塘	1.0	0.9	0.8	1.1	1.6	1.9	1.6
	德格	1.1	1.0	1.0	1.2	1.4	1.5	1.6
	白玉	2.1	2.0	1.8	2.0	2.2	2.4	2.5
	得荣	1.9	1.4	1.2	1.6	2.4	2.9	2.8

第 22 号台风"山竹"预警发布情况分析报告

曹之玉　杨继国　赵晶晶　朴明威　李翔

回天力　范天罡　程成　王然

（中国气象局公共气象服务中心　2018 年 9 月 30 日）

摘要：2018 年第 22 号台风"山竹"于 9 月 16 日 17 时前后在广东省江门市台山沿海登陆，截至 9 月 19 日，台风"山竹"已造成广东、广西、海南、湖南、贵州、云南 6 省（区）328.9 万人受灾，6 人死亡，1300 余间房屋倒塌，直接经济损失 53 亿元。在此次台风过程中，国家预警信息发布中心与 6 省（区）气象局上下联动、快速反应、高效发布，取得了对公众发布预警时效长、范围广，多部门联动预警发布效果好，多手段预警发布时效高，灾前防御准备有序等阶段性成果。

一、天气过程及影响

2018 年第 22 号台风"山竹"于 9 月 16 日 17 时前后在广东省江门市台山沿海登陆，为 2018 年以来登陆我国的最强台风。中央气象台发布台风红色预警信息，中国气象局签发重大气象灾害（台风）Ⅱ级应急响应命令。台风"山竹"于 17 日下午在广西西部减弱为热带低压，此后继续向西偏北方向移动，强度进一步减弱。9 月 18 日，贵州南部、广西、广东西南部沿海、海南岛南部、云南西南部等地的部分地区仍有大到暴雨。

截至 9 月 19 日，台风"山竹"已造成广东、广西、海南、湖南、贵州、云南 6 省（区）328.9 万人受灾，6 人死亡，1300 余间房屋倒塌，直接经济损失 53 亿元。据应急管理部国家减灾中心统计，与路径相似、强度相近的台风 2008 年"黑格比"、2015 年"彩虹"、2017 年"天鸽"相比，2018 年台风"山竹"造成的死亡失踪人数、倒塌房屋数量、直接经济损失均为最少。

二、预警信息发布情况

2018 年 9 月 14—17 日，中央气象台发布台风预警 12 次，其中红色预警 4 次。水利部、自然资源部联合中国气象局 6 次发布山洪灾害气象、地质灾害气象风险类预警。福建、广东、广西、贵州、海南、云南 6 省（区）各级气象部门通过国家预警信息发布系统发布台风、暴雨、雷电、大风、雷雨大风等各类预警信息共 1729 条，其中省级发布 41 条，市级发布 351 条，县级发布 1337 条，各级国土、海洋、水利、交通等行业利用国家预警发布系统发布海浪、风暴潮、地质灾害、山洪灾害等 12 类相关预警共计 47 条，预警类别见图 5-8 所示。

台风天气影响期间，国家预警信息发布中心向外交、公安、民政、国土、交通、水利、海洋

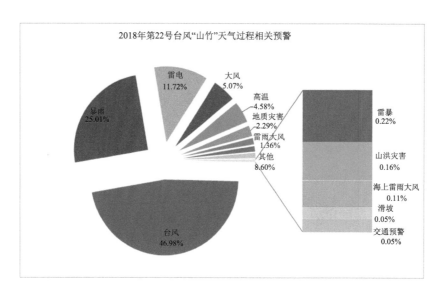

图 5-8　台风相关预警信息发布情况

等 39 个部门及 86 家央企的 1800 个应急责任人发送预警短信 21319 条，同时通过 12379 网站、中国天气网、微博、微信、12379APP、中国天气通、墨迹天气、今日头条、一点资讯等媒体和渠道传播预警及台风科普信息。

广东、海南、广西、福建、贵州、云南 6 省（区）预警发布机构通过 12379 短信平台发布预警短信 1041 万人次，通过运营商绿色通道发布预警短信 5.59 亿人次；通过高音喇叭、电子显示屏分别发布预警信息 8000 余次；利用广播、电视、微博、微信等渠道同步发布预警信息及灾害防御科普信息。其中，广东省气象局联合多部门召开"山竹"新闻发布会，30 余家媒体参会，通过全媒体方式让台风消息家喻户晓，及时召开媒体通气会进行科普传播，让小道消息和谣言止步，有力引导舆论。福建省气象局通过知天气 APP、今日头条、地震预警发布终端、短信、合作网站对本次台风过程进行宣传报道，联合省市电视频道、广播电台联动播出台风、暴雨等相关预警信息。广西壮族自治区气象局联合新华网和中新网连续报道台风预警预报动态、发布专家解读，与广西电视台开展连线直播 3 次，在广西电视台卫星频道《广西新闻》进行准直播连线，应用虚拟演播室技术进行直播，并联合其他网络直播平台进行直播，参与人数达 209.9 万人次。

三、部门联动情况

本次台风"山竹"影响期间，国家预警信息发布中心与省级发布中心上下联动，密切关注台风动态，关注海洋、国土、水利等行业发布的预警信息，关注船舶回港情况，并电话直通受影响最严重区域的央企安全责任人，做好事前提醒、事后总结。广东、海南、广西、福建、贵州、云南各级气象局积极与政府、防汛办、水利局、交通局、国土局、海洋与渔业局等相关部门联防联动，做好全程跟踪监测与预警服务。

广东省气象局联合省市应急办、省市三防办，在台风"山竹"防御过程中积极沟通联系移动、联通、电信三大运营商,调动资源全面提高信息发布效率,共发布全网短信总数达 4.68 亿条。省政府依据预警信息于 15 日 18 时发布紧急动员令,宣布全省进入防风Ⅰ级应急响应状态,要求全省迅速动员,全力投入防风防汛和抢险救灾工作,各市宣布启动停工、停产、停业、停课、停运工作。福建省气象局相关领导先后 7 次到省防汛抗旱指挥部参加台风发展态势会商分析会,汇报"山竹"未来的发展动态和可能造成的风雨影响情况,并提出相应的防御建议,省防指根据会商情况,召开沿海"六市一区"视频会议,细化部署防御工作。广西壮族自治区气象局向 33 个厅级单位的联络员发送气象预警和服务信息,国土、民政、水文等相关部门立即启动相应的应急响应,同时,各市县气象局也向辖区内各级党委政府决策人和基层应急防灾责任人及时发送气象预报预警信息。海南省委省政府召开全省部署台风"山竹"防御视频会议,并派出 7 个由省级领导带队的防风督导组分赴海口、儋州、琼海等可能受影响较大的重点市县指导检查防汛防风工作,海南省防总、减灾委、国土、海洋、海事、交通、教育、旅游、海南电网、工信、消防总队等及其他部门均积极响应,开展相应防御措施。贵州省气象局及时向省国土、防汛、交通、应急办等 32 个部门发布预警,同时覆盖乡镇和行政村,并与省国土、防汛、交通部门联合发布地质灾害风险、山洪灾害、交通等预警。

四、预警服务典型案例

案例一:助力政府提前转移人员,避免人员伤亡。

在台风"山竹"到来前,广西壮族自治区各级政府根据气象预警、预报提前转移安置台风影响区人员 25.2 万人。台风到来后,受狂风暴雨影响,全区各地因山体崩塌或因水泡导致房屋倒塌或严重损毁达 1300 间,其中河池市环江县下南乡波川村东贵屯屯前空地出现明显裂缝,仪凤村合好屯出现山体滑坡,但由于人员提前转移,无一人因房屋倒塌或严重损毁伤亡。

案例二:保障重大活动开展,避免潜在灾害风险。

9 月 16 日,中国侨乡国际龙舟邀请赛在广西容县举行,而举办之日恰逢台风"山竹"在广东沿海登陆之日,经上下会商,玉林市气象局根据预警信息,果断给出了"压缩过程时间,提前两小时举行"的建议。当地政府根据气象部门建议将原定 10 时开始的比赛提前至 08 时,10 时前结束。实况表明,在龙舟赛结束后的 12 时容县就出现了 7 级大风,赛事的压缩和提前举行避免了龙舟翻船和人员伤亡的风险。

案例三:助力农业,避免或减轻农业经济损失。

广西玉林市气象局通过气象柚子微信群建立与容县沙田柚协会联系,提前 5 天在群里滚动发布台风动态,提前 2 天发布台风预警信息,农户提前在台风影响前完成约 1 万亩蜜柚抢收和数万亩柚木加固,蜜柚没有受到损失;玉林、梧州等市现代农业示范区前期听取气象局建议,做好准备,及时按照预警信息提示组织人员对现代农业大棚、葡萄棚架等进行加固,避免了大的经济损失。

五、预警发布效果

此次台风过程,相关预警信息发布工作机构快速反应、高效发布、部门联动,取得很好的效果。一是对公众发布预警时效长、范围广。此次台风预警发布时效长、范围广，且逐步升级，给决策部门和社会公众应对时间充足。自 9 月 13 日 06 时中央气象台发布台风"百里嘉"和"山竹"预警，至 16 日 17 时"山竹"登陆，预警提前 3 天半时间发出，且根据发展不断升级最后提升至红色，充足的应对时间和准确的研判及多媒体高效发布，为防台抗台应急响应奠定了基础。二是多部门联动预警发布效果好。多部门联动，合理调用整合资源，全面提高信息发布效率，如广东省启动停工、停产、停业、停课、停运工作，与通信运营商合作发布全网短信。三是多手段预警发布时效高。台风影响期间，广东省气象局组织多家社会媒体，开展"守粤待'竹'——直击超强台风'山竹'"的大型网络直播，追风小组赴最前线台山现场报道，广州演播室联动湛江、茂名、阳江、珠海等四市气象部门，用镜头向公众直观地展现了台风"危险半圆"左、右两侧的不同威力，使公众对台风"山竹"有了身临其境般的了解。四是灾前防御准备有序。"山竹"登陆前，闽台大小"三通"8 条航线停航，福州港、湄洲湾港、泉州港、厦门港全部停止作业，民航取消航班 100 余架次，部分列车停售车票，保证了受影响区域人民的生命安全。

IPCC 发布《全球 1.5℃ 增暖》特别报告，
强化全球合作应对气候变化呼声

黄磊　　高云　　巢清尘

（国家气候中心　　2018 年 10 月 15 日）

摘要：2018 年 10 月政府间气候变化专门委员会（IPCC）发布了《全球 1.5℃ 增暖》特别报告，受到国际社会的高度关注。特别报告评估了与工业化前水平相比全球升温 1.5℃ 的影响和相关的全球温室气体排放路径，提出了实现 1.5℃ 升温需在 2030 年将二氧化碳排放量在 2010 年基础上降低 45%，并在 2050 年左右达到净零排放的重要评估结论，与联合国气候变化框架公约（UNFCCC）谈判进程密切相关，具有很高的政策相关性。本文详细解读了特别报告关键评估结论对我国应对气候变化政策的可能影响，提出了未来国内应对气候变化工作的政策建议，为我国在应对气候变化关键科学问题上集中力量开展攻关研究、提升在国际气候变化科学领域的话语权和影响力提供了重要的决策支撑。

2018 年 10 月 6 日下午，经过各国政府代表历时 6 天 3 夜的艰苦辩论，政府间气候变化专门委员会（IPCC）第 48 次全会延时 22 个小时，审议通过了《全球 1.5℃ 增暖》特别报告以下简称报告。该报告应《联合国气候变化框架公约》邀请历时两年完成，分析了目前全球温升的事实、趋势和影响，提出了将气温升高（以下简称温升）控制在 1.5℃ 所需的减排路径和要求，并呼吁强化全球气候应对行动。由于报告与《巴黎协定》实施细则谈判进程密切相关，因此具有较强的政策导向性，并将在未来一段时间成为气候变化国际谈判的重要支持性文件，强化全球持续减排的呼声。

一、报告主要评估结论

（1）相比工业化前，2017 年全球温升已超过 1℃，如果维持当前温升速率，将在 2030—2052 年间超过 1.5℃。报告认为，2006—2015 年全球地表平均温度比 1850—1900 年的均值升高了 0.87℃，并以每 10 年 0.2℃ 的速率继续上升。即便立刻停止全球温室气体排放，工业化时代以来的人为温室气体排放仍将在百年到千年尺度上继续影响气候系统，如海平面上升等。

（2）自然和人类系统在 1.5℃ 温升时面临的风险低于 2℃ 时的风险。报告认为，全球温升 1.5℃ 将对陆地和海洋生态系统、人类健康、食品和水安全、经济社会发展等造成诸多风险和影响，但与全球温升 2℃ 相比，1.5℃ 温升对自然和人类系统的负面影响更小。如相比 2℃ 温升，1.5℃ 温升时北极出现夏季无海冰状况的概率将由每 10 年一次降低为每百年一次；21

世纪末全球海平面上升幅度将降低 0.1 米,使近 1000 万人口免受海平面上升的威胁;海洋酸化和珊瑚礁受威胁的程度在一定程度上得到缓解。

(3)将温升控制在 1.5℃,要使全球 2030 年二氧化碳排放量在 2010 年基础上减少 45%,并在 2050 年左右达到净零排放。报告基于模式评估认为,实现 1.5℃温升需要大幅减少二氧化碳以及甲烷、黑炭等非二氧化碳排放,并需要借助碳移除(CDR)等较为激进的减排技术,在能源、土地、城市和基础设施及工业系统领域实现大规模、前所未有的快速转型。如交通部门,低排放能源比例需要从 2020 年的不到 5% 上升到 2050 年的 35%～65%;2050 年全球电力供应的 70%～85% 需要来自可再生能源。相比实现 2℃温升所要求的 2030 年二氧化碳排放量降低 20%、2075 年左右达到净零排放,各行业面临的减排压力均大幅增加。

报告评估认为,当前人为二氧化碳排放量为每年 420 亿吨,实现 1.5℃温升要求的剩余排放空间不到 4200 亿吨二氧化碳,如果维持当前排放速率,将在 10 年之内用尽。各国在《巴黎协定》下的国家自主贡献力度不足以实现 1.5℃的温控目标。

(4)实现 1.5℃温升的行动与可持续发展目标具有一定的协同作用,但存在负面影响。报告认为,实现 1.5℃温升的行动与健康、清洁能源、城市发展、生产和消费等领域的可持续发展目标具有较强的协同作用。如与 2℃温升相比,全球温升 1.5℃可能减少高温、强降水、干旱等极端事件的发生概率和强度,在一定程度上减少气候变化对可持续发展、消除贫困和减少不平等的影响。但是,一些 1.5℃路径包含大规模高强度的发展转型要求,如需要大规模改变土地利用方式等,可能引发粮食安全问题,并给发展中国家带来重大挑战。

(5)多层面的合作可为实现 1.5℃温升提供有利环境,国际合作是发展中国家和脆弱地区的关键推动因素。报告认为,社会正义和公平是实施气候可恢复型发展路径的核心。考虑不同国家和地区的现实国情和需求,以加强资金、技术支持,提高各国能力为目标的国际合作,可以推动发展中国家和脆弱地区进一步采取与控制温升 1.5℃路径相符的应对措施。

二、分析与评价

(一)正确认识 1.5℃特别报告的主要结论

总体而言,《全球 1.5℃增暖》特别报告基本体现了目前科学界对 1.5℃温升相关问题的认识水平。在 2015 年《巴黎协定》提出"努力实现 1.5℃温升"之后,科学界才开始集中开展关于 1.5℃温升的研究,因此与 IPCC 的其他报告相比,该特别报告文献基础较弱,且很大程度上反映的是发达国家的研究成果。报告中一些关于气候变化影响的结论存在评估不充分、文献支持不足的问题;对未来减排路径和技术选择描述更多基于模式假设,存在较大不确定性;对控制温升 1.5℃所面临的成本代价、困难挑战的评估不足,难以形成高信度的结论。

(二)报告将成为《巴黎协定》细则谈判的重要推动力

虽然报告关于 1.5℃温升路径的结论建立在一系列假设的基础上,但报告关于必须尽早达到全球排放峰值并实现深度减排的信息十分明确。报告在《联合国气候变化框架公约》第 24 次缔约方大会前夕发布,必将成为推动《巴黎协定》实施细则谈判的重要参考。有关各方都将从各自的立场对报告进行解读,个别国家,如沙特、埃及等认为报告没有体现其国家立场,在全会结束前,就报告内容列出了不认同清单;美国则表示,由于已经宣布退出《巴黎协定》,批准此报告并不意味着美国接受报告所有内容。

(三)报告提出的重大转型存在很多现实可行性问题

实现全球1.5℃温升要求在各领域实现全面系统转型,并在低碳技术和能效领域增加巨额投资。如能源领域所需的年均投资量约为9000亿美元,要求将数百至上千万平方千米的农业用地、森林转换为生物能源用地,这将与人居、粮食、纤维、生物多样性的土地需求形成冲突。此外,实现1.5℃温升路径所要求的减排进程过于紧迫,将对发展中国家经济发展和减贫形成严重制约,在经济可行性、技术可获得性,以及社会经济可承受性方面存在难以逾越的障碍和挑战。

三、后续工作建议

(一)做好该报告的解读和舆论引导工作

《全球1.5℃增暖》特别报告应《联合国气候变化框架公约》的邀请编写,是气候变化谈判进程平衡的产物。实现1.5℃温升存在极大的困难和挑战,而在《巴黎协定》中温升1.5℃和2℃具有不同的法律地位。我国在该报告的解读和舆论宣传上,不应过于强调控制温升1.5℃可能减少的风险,而应更强调可持续发展框架下各国合作应对气候变化的重要性,引导社会各界科学客观看待相关评估结论,避免因报告的出台对我国造成新的减排压力。

(二)加强我国应对气候变化工作部署和宣传

党的十八大以来,在以习近平同志为核心的党中央坚强领导下,我国采取有力措施推动绿色低碳发展,取得举世瞩目的显著成效,成为全球生态文明建设的重要参与者、贡献者、引领者。在全球合作应对气候变化的背景下,我国将长期面临温室气体持续减排的外部压力。我国应进一步从国家当前和长远利益出发,就我国低碳发展路径和主要行业技术选择进行细致研究,及早部署。同时,在国际层面大力宣传我国应对气候变化的努力和成效,积极营造于我国有利的外部环境。

(三)组织研判该报告对气候变化谈判进程的影响

《全球1.5℃增暖》特别报告关于减排路径、排放空间等问题的评估结论将对公约谈判进程产生重要影响。建议有关部门组织研判、深入分析和解读,提出我国参与全球气候治理谈判进程的应对方案。中国气象局也将发挥国家气候变化专家委员会跨部门、跨领域专家的优势,组织行业专家对报告进行深入分析,提出政策建议。

第六篇

国外重大事件

日本强降雨致灾分析及对我国灾害防御的启示

王维国　　张立生

（国家气象中心　2018 年 7 月 12 日）

摘要：2018 年 6 月底至 7 月上旬，受梅雨锋降雨以及与台风叠加效应的影响，日本国西部连续遭受极端暴雨袭击，累计雨量超过 1000 毫米，多地雨量突破历史极值，导致日本西部爆发大范围的极端洪涝灾害。7 月 11 日日本官方宣布西部洪灾已造成 170 余人死亡，上万栋房屋被淹，24 万户家庭断水。这是日本近 30 年来损失最为惨重的暴雨洪涝灾害。

目前，我国正值主汛期，台风、暴雨、强对流等致灾性天气多发，建议充分发挥政府主导、部门联动、社会参与的防灾理念，立足于防大汛、防群发性灾害的准备，同时加强灾害防御的科普宣传，提升基层社区和群众避险自救的能力。

一、降雨分析：暴雨超强，多地雨量突破历史极值

6 月 28 日至 7 月 9 日，日本西部连遭暴雨袭击，高知、德岛、岐阜、长野等 15 个观测点累计雨量超过 1000 毫米，最大降雨量出现在高知县安芸郡，达到 1852.5 毫米。据日本广播协会报道，有 123 个和 119 个观测站 48 小时、72 小时降雨量分别达到有纪录以来最高值，暴雨的极端性突出。

强降雨造成河流、水库水位急速上涨，山洪、泥石流、滑坡等灾害群发性突出，导致多地民居、道路被毁，170 余人遇难。本次灾害是自 1982 年以来日本出现的最严重的暴雨洪涝灾害。

二、成因分析：梅雨锋降水以及与台风的叠加效应，加之特殊的地形是导致暴雨洪涝灾害偏重的主要原因

每年 6 月和 7 月，是日本西部的梅雨季节。此次日本西部的强降雨过程主要有三次，分别是 6 月 29 日、7 月 3—6 日和 7—8 日，其中 7 月 3—6 日的强降雨过程中，受梅雨锋以及与转向日本海的 2018 年第 7 号台风"派比安"云系的叠加影响，导致日本西部多地 48 小时降雨量达 500 毫米左右，为三次强降雨过程中最强；强降雨加之日本狭长的特殊地形——中间高、两侧低，造成山洪、泥石流、滑坡等灾害集中暴发。由于日本是山地国家，部分房屋依山而建，易受到山洪、泥石流、滑坡等灾害的破坏。据日本消防厅不完全统计，截至 10 日上午，有 347 座民宅被毁。

三、日本洪灾对我国灾害防御的启示

日本国是自然灾害防御最先进、体系最完备的国家之一,但是在此次洪灾中还是暴露出严重的问题。客观原因是暴雨超强所致,主观原因是政府组织灾害防御不利,其次是民众防范水患灾害意识薄弱。

针对后两点,首先是在灾害集中暴发的第二场强降雨来临前或来临中,政府并没有及时组织或强制转移危险地带的人员,只是向居民发出了"避难通知",但"避难通知"不具有强制性;其次是民众防范地震、火山喷发意识较强,防范水患灾害意识薄弱,虽然此次灾害中大多数人收到了"避难通知"的信息,但并没有引起重视和落实到行动中去,为灾害的发生埋下了祸根。

预计主汛期期间,我国黄河和长江等流域可能出现较重汛情,登陆台风影响大。目前,我国正值主汛期,7月上旬,台风、暴雨等灾害性天气频发,受其影响,长江和黄河上游发生洪水,四川、甘肃等地洪涝和地质灾害偏重。预计7月中旬,我国东部主雨带将位于四川盆地西部至华北、东北,降雨量将比常年同期偏多。7月下旬至8月上旬,我国南北各有一条多雨区,其中北方多雨区位于西南地区北部、西北地区中东部、内蒙古中西部、华北、东北地区南部,南方多雨区位于江南东南部、华南大部。期间,黄河上中游和长江上游可能出现较重汛情,珠江流域可能出现阶段性汛情;海河流域、辽河流域降水偏多,可能出现局部洪涝;登陆我国的台风个数为3~4个。

气象灾害防御的启示。建议充分发挥政府主导、部门联动、社会参与的防灾理念,立足于防大汛、防群发性灾害的准备,具体为:一是做好防范黄河上中游及长江上游严重汛情的准备,海河、珠江流域防范阶段性强降雨的准备,华南和东南沿海要防御强台风带来的暴雨洪涝和大风灾害;二是四川、甘肃、陕西、山西及云南、贵州等地要加强降雨引发的山洪、滑坡、泥石流等次生灾害的防御;三是加强灾害防御的科普宣传,提升基层社区和群众避险自救的能力。

名词解释:

梅雨锋降雨:又称梅雨,是指每年6月中下旬至7月上半月发生在我国长江中下游地区和台湾省、日本中南部、韩国南部等地持续阴雨天气的气候现象。由于梅雨发生的时段正是我国江南梅子的成熟期,故把这种气候现象称为"梅雨",或"梅雨季节"。梅雨季节时的空气湿度较大且气温高,衣物等容易发霉,所以也有人把梅雨称为同音的"霉雨"。

美国加利福尼亚州大火对我国
冬春季森林草原防火工作的启示

王莉萍[1]　王维国[1]　高辉[2]　张鹏[2]　蒋建莹[3]　吴昊[4]

袁晓玉[4]　朱琳[3]　高园[3]　王承伟[4]

（1.国家气象中心；2.国家气候中心；3.国家卫星气象中心；4.公共气象服务中心　2018年11月17日）

摘要：2018年11月8日以来，美国加利福尼亚州（以下简称加州）发生大规模山火，截至11月17日，造成了66人死亡，600多人失踪，9500多座（所）房屋和建筑被毁。分析成因，一是2018年5月以来，加州降水偏少6～9成，平均气温偏高1～3℃，空气异常干燥，导致森林火险等级居高不下，加之近期加州上空风力强盛，加重了此次火灾蔓延趋势；二是政府重视程度不够，组织救援迟缓；许多民宅、别墅建在山林之中，造成此次山火损失惨重；三是火灾隐患管控不足，美国绝大多数的山火都是人为因素造成的。

我国也是森林草原火灾频发的国家，此次美国加州山火造成的影响之大，损失之重，警醒我国要更加重视森林草原防火工作。预计2018年我国森林草原防火形势较为严峻，西南、华南、东北等多地森林草原火险等级高，建议进一步加强对森林草原火灾防控能力建设，保障生态安全和绿色可持续发展。

一、美国加利福尼亚州大火情况及成因分析

监测情况。我国风云三号气象卫星（图6-1）连续监测显示，11月8日以来，美国加利福尼亚州（以下简称加州）发生大规模山火。截至16日，加州北部"坎普"过火区面积约590平方千米，加州南部"伍尔西"过火区面积约390平方千米。据央视新闻16日报道，上述地区山火已造成66人死亡，600多人失踪，9500多座（所）房屋和建筑被毁。目前山火还在持续，过火面积还将扩大。

成因分析。近年来，气象卫星监测加州平均每年发生火点约5698个（2014—2017年），2018年以来发生火点约4202个（图6-2）。加州山火如此严重，与其气候特点有很大的关系。加州雨季在冬半年（11月至次年4月），而夏半年（5—10月）则是加州少雨干旱的季节。2018年5月以来，加州降水偏少6～9成，平均气温偏高1～3℃，空气异常干燥，干旱较严重，导致森林火险等级居高不下，加之近期加州上空风力强盛，加重了此次火灾蔓延趋势。

除气象原因外，此次山火损失惨重至少还有其他原因所致，一是政府重视程度不够，组织救援迟缓。平时加州山火频繁，有关方面习以为常，此次火灾发生之初并没有引起政府足够重视，待火灾蔓延扩大加重之后，政府才开始组织灭火救援，错失了最佳扑火时机；二是许

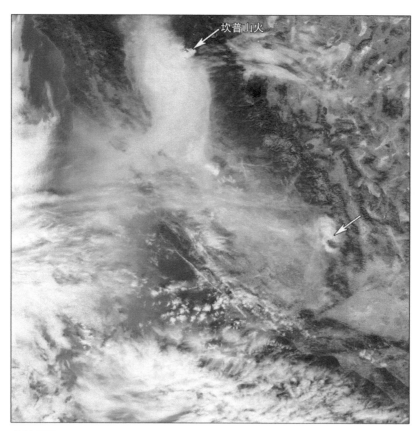

图例 ▮ 火点

图 6-1　风云三号气象卫星美国加州火情监测图

（2018 年 11 月 16 日 04 时 25 分）

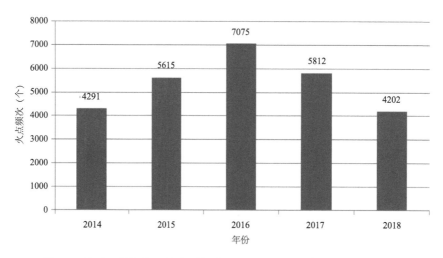

图 6-2　风云三号气象卫星美国加州地区 2014—2018 年火点频次分布图

多民宅、别墅建在山林之中,山火威胁大。此次被烧毁的比尤特县天堂镇就是地处普卢马斯国家森林边缘地带。另外,加州经济发达,具有良好的气候条件和旅游资源,人口不断涌入,吸烟、野外露营、室外聚会等火灾隐患大。美国绝大多数的山火都是人为因素造成的。

二、我国近年来森林草原火灾情况及监测分析

2014—2017 年我国平均每年发生林火 1243 次。2018 年以来已发生 2863 次,是近 5 年来同期火灾次数最多的年份,其中特大森林火灾 2 次。森林火灾主要发生在东北地区北部、内蒙古东北部、西南地区中南部和江南中部等地,云南西北部、大兴安岭林区是森林火灾的高发地区。3—5 月火灾发生次数占全年火灾总数的 81.5%,是森林火灾高发期(图 6-3)。

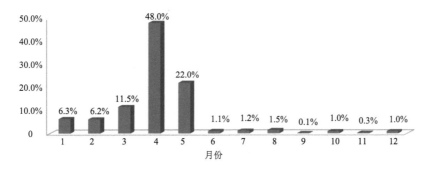

图 6-3 1—12 月全国森林火灾次数比例统计

2014 年以来我国平均每年发生草原火灾 43 次,2018 年以来已发生 34 次。草原火灾主要发生在内蒙古东北部、四川西部和南部。1—4 月是草原火灾的高发期,火灾次数占全年火灾总数的 81%。

三、今冬明春森林草原防火趋势预测

与 2017 年同期相比,2018 年我国森林草原防火形势较为严峻,西南、华南、东北等多地森林草原火险等级高,具体预报如下:

森林火险等级预测。预计 2018 年冬季,西南地区中东部、华南南部等林区降水偏少,森林火险等级较高;华北南部、西南地区西部、西北地区南部、华中地区北部等林区降水偏少,气温偏高,森林火险气象等级高。预计 2019 年春季,东北地区、华南等林区降水偏少,森林火险等级较高;华北地区、西南地区、西北地区、华中北部等林区气温偏高、降水偏少,森林火险等级高。

草原火险等级预测。预计 2018 年冬季,西南地区中东部草原火险等级较高;西北地区南部、华北南部、西南地区西部等草原区降水偏少,气温偏高,草原火险等级高。预计 2019 年春季,内蒙古、东北草原区降水偏少,草原火险等级较高;西北地区、华北、西南地区草原区气温偏高,降水偏少,草原火险等级高。

四、下一步工作与建议

此次美国加州山火造成的影响之大,损失之重,警醒我国要更加重视森林草原防火工作。随着国家对生态文明建设的推进,我国林地和草地等覆盖面积将越来越大,因此,建议进一步加强对森林草原火灾防控能力建设,保障生态安全和绿色可持续发展。

气象部门将深化与有关部门合作,为森林草原防火工作提供气象保障。一是加强对东北和西南等重要林区和草原区的气象干旱监测和滚动预测预警,充分利用气象卫星等手段监测林区和草原区以及俄罗斯、蒙古等国家边境的火情,及时报告应急管理、林业草原等相关部门。二是加强面向应急管理、林业草原的防扑火气象保障服务工作,联合组织科技攻关,研制并发布森林草原火险气象等级预报预警产品。三是加强人工影响天气工作,合理开发空中云水资源,在重要林区和草原区开展常态化人工增雨作业,降低森林草原火险,在森林草原火灾扑救中及时启动应急人工增雨作业,为保护生态、防灾减灾发挥更大作用。

阿富汗干旱及影响分析

杨琨[1]　王维国[1]　张晔萍[2]　李祎君[2]

(1.国家气象中心;2.国家卫星气象中心　2018年10月16日)

摘要:阿富汗为南亚北部内陆国家,多高原和山地,属温带大陆性气候,四季分明,降雨主要集中在春季,夏季干燥少雨。整体而言,阿富汗土壤水分较低,植被覆盖状况较差,干旱特征显著。其中,受2017年9月以来的长时间气温(以下简称温高)雨水少影响,2018年阿富汗大部地区出现持续干旱,土壤水分和植被覆盖状况为2012年以来最差,沙尘影响累计面积为近10年来最大,小麦产量为2012年以来最低。

目前,阿富汗粮食产量远不能满足国内需求,已成为粮食大量进口国;未来降水量少、干旱和水资源不足将是阿富汗一直面临的重要问题。预计2018年10月下半月开始,阿富汗雨雪天气将逐渐增多,前期持续旱情将得到一定程度缓和;但受气候变暖影响,未来30年的气候变化将加剧阿富汗干旱和水资源短缺的趋势,对粮食安全、生态环境以及经济发展和社会矛盾产生更为广泛和深远的影响。建议阿富汗加强适应气候变化趋势的研究,加强对降水和干旱的监测以及预测、预警能力,提高雨洪资源的转化和利用效率,以提升应对和减轻干旱及水资源短缺的不利影响。

一、阿富汗基本概况

阿富汗位于亚洲伊朗高原东北部,是南亚北部内陆国家。其东北部的狭长地带与中国新疆接壤,高原和山地占全国面积的4/5,地形崎岖,境内兴都库什山脉自东北向西南斜贯其中,平原分布在西南部和北部地区,西南部与巴基斯坦接壤处为大片沙漠区域。

阿富汗属于温带大陆性气候,四季分明。气温变化起伏大,冬季严寒,北部地区最低气温可低于-30℃,夏季酷热,东部城市贾拉拉巴德最高气温可达49℃,且早晚温差大。降水方面,干燥少雨,平均年降水量只有240毫米,且主要集中在3—4月,这两个月的降水量占全年总量的50%~60%。

近几十年来阿富汗一直呈现干旱化趋势,其中阿富汗首都喀布尔20世纪60年代降水量在350毫米左右,90年代仅有250毫米左右。降水量严重不足和持续干旱已成为阿富汗的常见现象。

二、近年来阿富汗干旱情况及其影响分析

(一)干旱对粮食作物的影响

阿富汗以农牧业为主,可耕地约占国土总面积的12%,主要粮食作物为小麦、水稻、玉米

和大麦。其中,小麦作为第一位的粮食作物,其产量约占粮食总产量的70%,种植面积约为总种植面积的68%。而干旱是影响阿富汗农业生产最主要的气象灾害,多雨年作物收成好,少雨干旱年则作物歉收;若小麦生长季内出现干旱,会对全年的粮食产量产生较大影响。

近10年来,阿富汗出现较重干旱的年份为2008年和2011年,2018年也比较严重。卫星遥感植被指数(NDVI)的动态变化可以反映农业干旱情况。近5年来(2014—2018年),从阿富汗3—5月小麦生长发育关键期逐旬的植被指数变化可以看出,2015年植被指数值整体较高,农业干旱轻于其他年份;2014年、2016年和2017年植被指数值基本相当;但2018年植被指数值处于较低水平(图6-4),农业干旱重于其他年份,小麦长势明显偏差,预计2018年阿富汗小麦产量约为400万吨,不能满足阿富汗国内粮食的需求。

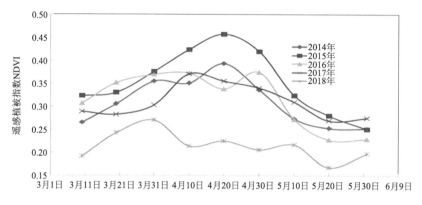

图6-4　2014—2018年阿富汗3—5月逐旬植被指数(NDVI)

(二)土壤水分特征分析

利用2012年以来中国FY-3B卫星遥感土壤体积含水量资料(反映土壤表层水分信息)分析,整体而言,阿富汗2—4月土壤水分较高,7—9月较低,其中2018年阿富汗最大土壤水分明显低于其他年份(图6-5)。从空间分布特征来看,1—4月,阿富汗北部地区存在土壤水分高值区,5月份起,该高值区的土壤水分开始降低;12月至次年1月,中部和东部土壤水分明显低于其他区域。

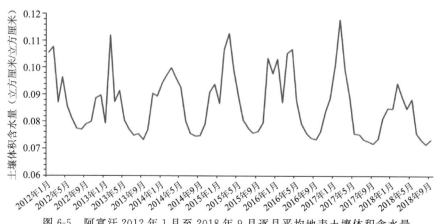

图6-5　阿富汗2012年1月至2018年9月逐月平均地表土壤体积含水量

2012—2018 年,阿富汗约 91% 的区域 3—8 月土壤体积含水量的平均值在 0.06～0.15
立方厘米/立方厘米,表明土壤水分较低,其中,2018 年 3—8 月的平均土壤体积含水量是
2012 年以来同期最低值。

(三)植被特征分析

利用 2012 年以来 FY-3B 卫星遥感植被指数 NDVI 产品对阿富汗植被进行分析。整体
而言,阿富汗植被指数的峰值出现在 5 月,最低值出现在 1—2 月,其中,2018 年阿富汗最大
植被指数明显低于其他年份的最大值(图 6-6)。从空间分布特征来看,1—3 月阿富汗北部
地区植被指数显著高于其他地区;4—6 月北部依然是植被指数高值区,中部和南部的植被
指数开始明显上升;7—8 月中部植被指数继续上升,北部的植被指数开始下降;9—12 月,阿
富汗大部地区植被指数逐步下降(图 6-7)。

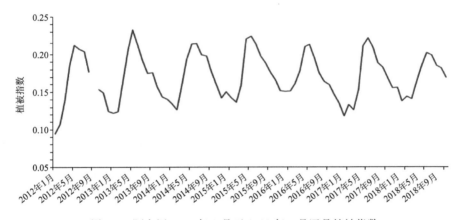

图 6-6　阿富汗 2012 年 1 月至 2018 年 9 月逐月植被指数

2012—2018 年,阿富汗约 86.9% 的区域 3—8 月的平均植被指数在 0.1～0.3,植被指数
总体较低,表明植被覆盖状况较差。其中,2018 年 3—8 月的平均植被指数为 0.194,是 2012
年以来的最低值,表明 2018 年植被生长状况为 2012 年以来最差。

(四)沙尘天气对阿富汗的影响

阿富汗西南部与巴基斯坦接壤处有大片沙漠区域,浮尘、扬沙等天气较多,东北部地区
有时也有沙尘天气发生。利用 FY-2 静止气象卫星资料对 2009—2018 年阿富汗沙尘天气进
行监测和统计分析。结果表明,一年之中 1 月、2 月、12 月沙尘影响累计覆盖面积较大;近 10
年来,2016—2018 年沙尘影响累计覆盖面积增大显著(图 6-8)。

2018 年以来,沙尘累计影响覆盖面积约 820 万平方千米(历次沙尘天气影响面积相加),
其中,1 月、2 月、5 月沙尘影响频繁,西南部沙漠地区沙尘日数有 50 天左右。8 月 21 日,FY-
3B 气象卫星监测显示阿富汗西南部出现一次沙尘天气过程(图 6-9),据估算,沙尘影响阿富
汗面积约为 17.1 万平方千米。

三、2018 年以来阿富汗干旱发展态势及其影响分析

2017 年 9 月以来,阿富汗大部地区降水量较常年同期偏少 50% 以上,中部和南部地区

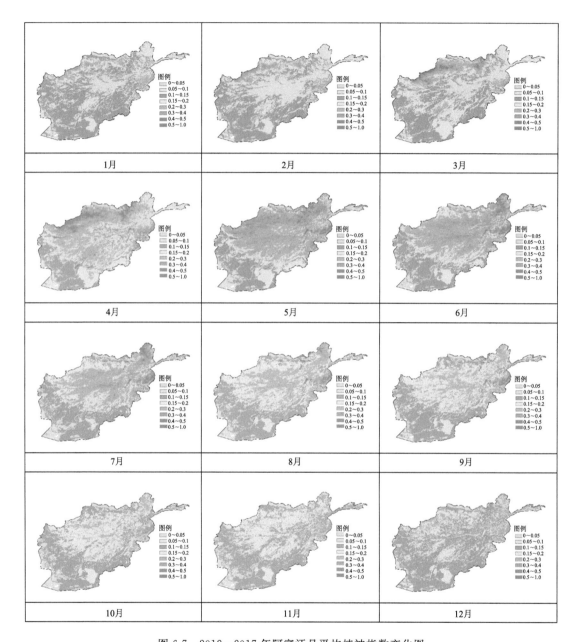

图 6-7　2012—2017 年阿富汗月平均植被指数变化图

偏少 80％以上。同时,大部地区气温较常年同期偏高 1.5℃左右,中部和北部偏高 3℃以上。长时间温高雨(雪)少导致阿富汗大部地区均有不同程度的干旱,其中,中部和东北部旱情严重,为中度到重度干旱,局部特旱。

长时间持续干旱导致阿富汗多地出现灾情,北部的法里亚布省和朱兹詹省灾情相对严重。干旱使生产生活用水严重缺乏,至少 200 万人受到影响,北部地区超过 600 个村庄面临用水困难。同时,持续干旱造成阿富汗西部、北部多地粮食产量明显下滑,威胁到民众生存。

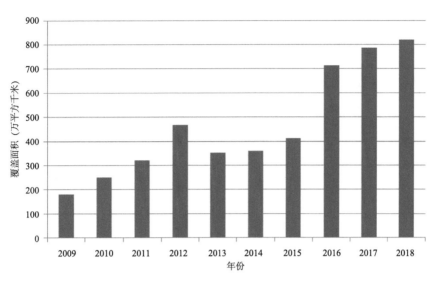

图 6-8　2009—2018 年逐年气象卫星
监测沙尘影响累计覆盖面积变化

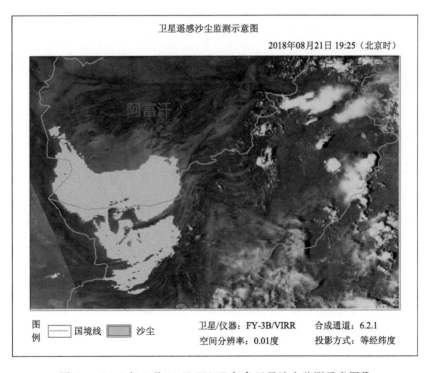

图 6-9　2018 年 8 月 21 日 FY-3B 气象卫星沙尘监测示意图像

　　农业方面,2018 年 3—5 月阿富汗主要农区降水持续偏少,巴德吉斯、法里布亚、朱兹詹、巴尔赫等北方省降水偏少 3～5 成,赫拉特省偏少 5～8 成。而 3—5 月正值当地主要作物小麦生长旺季,降水不足严重影响了小麦的正常生长,使最终产量受到影响。从 4 月的农业干旱监测来看,阿富汗小麦主产省存在不同程度的旱情,赫拉特省北部、巴德吉斯省西北部、法里布亚省东部和朱兹詹省等地农业干旱为重度,巴德吉斯省北部和中部、巴格兰省等地农业干旱为中度(图6-10左)。与作物生长条件较好的 2015 年(图6-10右)相比,除了西部的赫拉特省外,其他主产省旱情均明显偏重,小麦长势偏差。

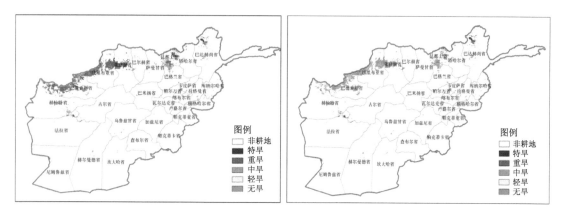

图 6-10　2018 年 4 月(左)和 2015 年 4 月(右)阿富汗农业干旱监测对比图

四、阿富汗干旱致灾的成因分析

天气成因分析。2018 年进入夏季以来,位于北非至伊朗高原上空的副热带高压系统稳定、强度偏强,东边界位置明显偏东,导致阿富汗地区受其控制高空盛行下沉气流,出现持续晴空少雨气温偏高的态势,尤其是阿富汗东部地区气温偏高更为明显。同时索马里越赤道气流中心位置偏东,使热带水汽输送不能抵达阿富汗上空,降水明显偏少。长时间的温高雨少,致使当地干旱持续发展。

客观条件也是阿富汗灾害加重的一个主要原因。阿富汗降水多在冬半年,主要集中于 3 月和 4 月,夏季降水量极少,大部地区年平均降水量不足 300 毫米,农业生产主要依赖于灌溉。而经过多年的战争,约半数灌溉系统被毁,再加上人口迅速增长,农业生产几乎完全靠天吃饭;如遇降水不足,灌溉不能满足作物生长需求,作物将减产,粮食短缺加重,严重威胁阿富汗国民安全和国家安全。

阿富汗已成为粮食大量进口国。粮食短缺,使阿富汗对粮食的进口更为依赖,特别是在较为严重的干旱年份,目前,阿富汗已成为粮食大量进口国。另外,从近 10 年阿富汗小麦总产量来看(图6-11),虽然近年来农业生产有所恢复,产量较战乱严重时期有大幅增加,但仍然时常受到干旱和水资源短缺的威胁。其中,2008 年、2011 年和 2018 年受干旱和水资源短缺的影响,小麦产量低于平均水平;2018 年小麦产量为近 10 年第三低位(约 400 万吨),远不能满足阿富汗国内粮食需求。

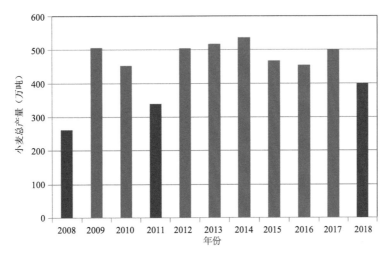

图 6-11　阿富汗 2008—2018 年小麦总产量变化

五、应对及适应气候变化趋势的建议

（一）阿富汗干旱趋势预测

2018 年干旱趋势预测。预计 10 月下半月，随着大气环流形势的调整，水汽输送条件较前期略有好转，可能会有阶段性降水过程发生，阿富汗前期持续旱情将得到一定程度的缓和。

未来气候变化将加剧阿富汗干旱和水资源短缺及其影响。预计，21 世纪阿富汗年平均气温将呈持续增长趋势，但降水无明显变化。在全球变暖背景下，2021—2050 年阿富汗平均气温的增长速率在每 10 年 0.2～0.6℃，阿富汗受干旱影响的年份将显著增多，干旱强度呈加剧态势，出现大范围中度以上干旱的频率增加。因此，未来气候变化将加剧阿富汗的干旱、水资源短缺和粮食安全。而人口的快速增长、农业灌溉的扩大以及经济发展对水资源的需求又有所增加，因此，未来的干旱变化趋势将对阿富汗的粮食安全、生态环境以及国民经济的发展和社会矛盾产生更为广泛、更为深远的影响。

（二）应对及适应干旱变化趋势的建议

降水量少、干旱和水资源不足将是阿富汗一直面临的问题，综合考虑未来阿富汗气候变化特征和干旱趋势，建议：

加强降水及干旱监测、预测和预警能力。加强国际合作和交流，提高降水和干旱监测、预测和预警能力，强化信息发布和灾害应对管理，加强应对长期、大范围干旱的抗旱工程和非工程体系建设，增强干旱灾害风险的管控能力。

提高降水资源的转化和利用效率。综合工程措施和非工程措施，在确保防洪安全的前提下，合理利用雨洪资源，最大限度地实现雨（雪）水的积存、渗透和净化，使更多雨洪资源转化为可利用的地表水和地下水资源。

注重多边交流和经验共享。借鉴具有相同气候特征或受干旱和水资源短缺影响的国家和地区，学习先进国家的风险管理经验，加强节水、高效用水资源的管理，提高供水和用水的效率。